环境应急处置技术丛书

镉污染应急处置技术

环境保护部环境应急指挥领导小组办公室　编著

中国环境出版社·北京

图书在版编目（CIP）数据

镉污染应急处置技术/环境保护部环境应急指挥领导小组办公室编著．—北京：中国环境出版社，2015.2
（环境应急处置技术丛书）
ISBN 978-7-5111-2031-1

Ⅰ．①镉…　Ⅱ．①环…　Ⅲ．①镉—河流污染—污染防治　Ⅳ．①X522

中国版本图书馆 CIP 数据核字（2014）第 171212 号

出 版 人　王新程
责任编辑　黄晓燕
责任校对　唐丽虹
封面设计　宋　瑞

出版发行　中国环境出版社
（100062　北京市东城区广渠门内大街 16 号）
网　　址：http://www.cesp.com.cn
电子邮箱：bjgl@cesp.com.cn
联系电话：010-67112765（编辑管理部）
010-67112735（环评与监察图书分社）
发行热线：010-67125803，010-67113405（传真）
印　　刷　北京市联华印刷厂
经　　销　各地新华书店
版　　次　2015 年 2 月第 1 版
印　　次　2015 年 2 月第 1 次印刷
开　　本　880×1230　1/32
印　　张　5.75
字　　数　140 千字
定　　价　40.00 元

《环境应急处置技术丛书》
编委会

《镉污染应急处置技术》编写人员

林朋飞　任隆江　金冬霞　余　文
李　刚　刘　青　肖兰芳

前　言

镉是一种重要的伴生金属，常以硫化镉的形式存在于铅锌矿中，在锌、铟等金属冶炼过程中会产生大量含镉废水和废渣。此外，镉被广泛应用于冶金、化工、电子等工业领域，在镉的应用过程中也会产生含镉废水和废渣。含镉废水与废渣如未得到妥善处置，则可能造成严重污染。近年来因含镉废水违法、违规排放，已造成多起河流突发镉污染事件，如2005年北江镉污染事件、2011年龙江河镉污染事件和2013年贺江镉与铊污染事件。河流突发镉污染事件频发引起了公众对镉的毒性、河流突发镉污染的危害以及相应处置措施的关注。

为妥善应对河流突发镉污染事件，保障人民群众的生命健康和环境安全，环境保护部应急办组织清华大学开展了“河流突发镉污染事件应急处置技术”研究。一是从污染物来源、应急监测、污染评估、处置技术、工程实施以及损害评估等方面总结了近年来河流突发镉污染事件的应急处置技术与注意事项。二是针对河流突发镉污染可能影响到的饮用水安全，提供了相应的自来水厂应急除镉净水处理工艺，保障河流突发镉污染事件时沿岸住地居民的饮水安全。三是针对河流突发镉污染的来源，总结了工业含镉废水、废渣的处理方法，提出了相应的防范措施，为预防河流突发镉污染提供技术储备。

本书共分四章，第一章概述了镉的毒性和在环境中的存在形态及其迁移转化特性；第二章围绕河流突发镉污染事件应急处置过程，从污染源排查、环境应急监测、镉的应急处置技术原理、镉的应急处置工程应用等方面总结了河流突发镉污染后的应急处置方法、注意事项和应用案例；第三章针对河流突发镉污染事件发生后，可能威胁到的沿江居民的饮水安全，提供了针对水源镉污染的自来水厂应急除镉技术原理、工艺流程和应用案例；第四章提供了工业含镉废水、废渣的处理技术，并提供相关应用案例，为工业含镉废水、废渣的处理，预防河流突发镉污染提供技术指导。此外，本书也附带了部分含镉化合物的物化性质、镉的危害与防护、部分环境标准中镉的限值、不同介质条件下镉的检测方法等附录材料，可为河流突发镉污染应急处置提供参考。

本书可用于指导水体突发镉污染应急处理、饮用水应急除镉净水和含镉废水处理。限于作者水平，书中难免存在疏漏、不足之处，敬请读者批评指正。

目　录

第一章

镉及其化合物在环境中的迁移转化

镉是一种有毒重金属元素，高浓度的镉会造成环境污染，损害人体健康。20 世纪初，在日本富山县神通川流域，因锌铅冶炼厂等排放的含镉废水污染了河水和稻米，居民食用受污染的水与稻米后发生镉中毒，罹患痛痛病，酿成 20 世纪十大环境公害之一[1]。在痛痛病发生后，人们对于镉的毒性、处理去除技术的研究逐步深入，许多涉镉工业开始重视对含镉废水、废渣的处理。镉及其化合物成为人们广泛关注的一类重要污染物[2]。

虽然镉是一种有毒金属，但镉同时也是一种有多种用途的金属，已被应用于电镀工业、化学工业、电子工业、金属工业、核工业和其他工业[3]。

自然界中没有单独的镉矿床，它常以硫化镉的形式存在于很多金属矿石中，常与铅矿、锌矿伴生。由于镉及其化合物均易挥发，在干法冶炼锌的过程中，当锌精矿高温冶炼时，镉挥发后在烟尘中富积。在湿法冶炼锌的过程中，锌精矿中的镉则与锌一道被溶解，以硫酸盐形式进入浸出液中，这些镉将在后续处理工序中以铜镉渣形式被富集起来。

在工业上，镉的冶炼原料主要来自有色金属冶金工厂的含镉半产品，如铜镉渣、焙烧与熔炼车间产生的烟尘等。排放到环境中的镉主要来源不是镉矿的采选，而是来自各种镉伴生金属在冶炼过程中排放的废水、废渣、废气以及镉在应用过程中产生的废水、废渣。

1.1 镉的物化性质

镉是由德国冶金学家 F. Strohmeyer 于 1817 年在研究碳酸锌（Cadmia）时发现的。他从不纯的氧化锌中分离出褐色粉，使其与木炭共热，制得镉，并命名为 Cadmium[2]。

1.1.1 镉的物理性质

镉的元素符号是 Cd，原子序数为 48，原子量为 112.4。镉是带浅蓝色光泽的白色金属，甚至当在空气中变色之后仍保持其金属光泽。镉质软，可用小刀切削，易于加工，并具有良好的延展性，可以锻压成薄片和拉成丝，可以弯曲，较锌稍硬。镉在 80℃时变得很脆，经击打，易成粉末。

镉为六方晶系的结晶，在不同温度下发生三种变体。镉易融化、挥发，镉蒸气是单原子分子。镉的其他基本物理性质见表 1-1。

表 1-1 金属镉的主要物理性质

项目	数值	项目	数值
颜色	蓝色光泽白色金属	溶解热/（cal/g）	13.2
相对原子质量	112.4	沸点/℃	765
原子半径/nm	0.141 3	蒸发热/（cal/g）	286.4
相对密度	8.65	熔点/℃	320.9
比热容/[J/（kg·K）]	230.274	电阻率/（Ω·cm）	6.73×10^{-6}
E_0^{20}/V	−0.402	热传导率/[cal/（cm·s·K）]	0.22

1.1.2 镉的化学性质

镉是一种过渡性金属元素，在元素周期表中属于第Ⅱ类副族元素。锌、镉、汞，共称为锌分族。这个分族特点是原子最外层有两个电子，次外层有 18 个电子。镉位于锌和汞之间，因此，其化学活性比锌低、比汞高。镉的物理化学性质与锌相近，而与汞有较大差异。镉的烷基化合物极不稳定，在正常环境条件下会与雨水及潮湿空气迅速发生反应。因此，有机镉不会成为重要的环境污染物。

镉的主要化学价态包括正一价和正二价，但以正二价为主。

镉是很活泼的元素，它能够与氧、硫和卤素相互作用，也能被水蒸气、CO_2、SO_2 和 H_2S 等氧化。但在常温下，镉仅有表面一层会被氧化，此表面氧化所形成的碱性氧化物膜可以防止氧化作用的继续深入。形成氧化膜后，镉不会失去原有的金属光泽和颜色，特别是在碱性环境和溶液中能保护它不易被侵蚀。

常温下，在干燥的空气中，镉不发生反应，当加热到足够高的温度时，镉燃烧，并发出红色的火焰，冒出褐色的浓烟，形成氧化镉。高度分散的镉颗粒容易着火。镉与硫的反应很剧烈，但反应需要加热。镉不直接与氢、氮、碳反应。在不高于 1 200℃的冶炼过程中，镉以二价镉状态存在，在更高的温度下可以得到一价镉的化合物，如 Cd_2O、CdCl。

镉易溶于稀硝酸，缓慢溶于热盐酸，镉不溶于冷硫酸和稀硫酸，溶于热浓硫酸，还可溶于醋酸。镉不显两性，因此，不溶于碱性溶液。镉可以和汞生产汞齐，镉能够与多种金属生产合金。此外，镉可以与氨和氰等络合离子形成络合物如 $Cd(NH)_6^{2+}$、$Cd(CN)_4^{2-}$等。镉还可以形成多种有机络合物，如有机胺络合物、硫络合物以及和丙酮基生成螯合物等。

镉在水体中，可以和多种无机离子形成络合物，这些络合离子的存在会影响到含镉废水的处理。例如，无氰镀镉废水可以用碱性化沉法沉淀去除，而含氰镀镉废水则无法采用碱性化沉法有效处理，需要采用氧化-沉淀法或硫化物沉淀法等工艺处理。

在水中，镉可以和多种离子形成沉淀物，常见的含镉沉淀物的溶度积常数见表 1-2。

表 1-2 镉相关化合物溶度积[4]

化合物	K_{sp}	pK_{sp}
$CdCO_3$	5.2×10^{-12}	11.28
$Cd(OH)_2$（新鲜）	2.5×10^{-14}	13.60
CdS	8.0×10^{-27}	26.10
$Cd_3(PO_4)_2$	2.5×10^{-33}	32.6
$CdWO_4$	2×10^{-6}	5.7
$CdC_2O_4\cdot3H_2O$	9.1×10^{-8}	7.04
$Cd_2[Fe(CN)_6]$	3.2×10^{-17}	16.49
$Cd(CN)_2$	1.0×10^{-8}	8.00
$Cd(BO_2)_2$	2.3×10^{-9}	8.62
$[Cd(NH_3)_6](BF_4)_2$	2×10^{-6}	5.7
$Cd_3(AsO_4)_2$	2.2×10^{-33}	32.66
CdL_2	5.4×10^{-9}	8.27

1.1.3 镉的地球化学性质

镉以微量浓度广泛分布在环境中，浓度超过百万分之零点几的情况只发生在富矿层或者因人类活动而受污染的地区。在自然界中，镉的分布非常分散，在地球岩石圈中，镉的含量很低。镉在地壳中的丰度约为 0.15 mg/kg。在重金属中，镉是除汞外，地壳中丰度最小的元素之一，镉在自然环境中的分布情况和丰度见表 1-3[5, 6]。

表 1-3 地壳中镉的丰度

<table>
<tr><th>类别</th><th>镉的质量分数/10^{-6}</th><th colspan="2">类别</th><th>镉的质量分数/10^{-6}</th></tr>
<tr><td>全球</td><td>0.18</td><td colspan="2">砂岩</td><td>0.05</td></tr>
<tr><td>地壳</td><td>0.15</td><td colspan="2">石灰岩</td><td>0.035</td></tr>
<tr><td>超岩浆</td><td>0</td><td colspan="2">煤</td><td>0.25</td></tr>
<tr><td>玄武岩</td><td>0.22</td><td colspan="2">页岩</td><td>0.3</td></tr>
<tr><td>高钙花岗岩</td><td>0.13</td><td rowspan="3">土壤</td><td>最低</td><td>0.01</td></tr>
<tr><td>低钙花岗岩</td><td>0.13</td><td>最高</td><td>0.7</td></tr>
<tr><td>正长岩</td><td>0.13</td><td>平均</td><td>0.06</td></tr>
<tr><td>火成岩</td><td>0.2</td><td colspan="2">海水</td><td>0.000 1</td></tr>
</table>

目前已发现的镉矿主要都是与锌矿伴生的，其中镉的含量有显著差异。此外，天然镉矿也常与铅、铜、锰等矿伴生。没有只含镉而又有开采价值的单独镉矿。

镉主要以硫化镉和碳酸镉的形式存在于锌矿中，如闪锌矿（ZnS）、菱锌矿（$ZnCO_3$）。常见的镉矿石有：硫镉矿（CdS）、菱镉矿（$CdCO_3$）、方镉矿（CdO）等。锌矿中通常含镉 0.1%～0.5%（有的高达 2%～5%），闪锌矿是平时见到的最重要的镉矿物，镉含量一般为 0.2%左右。

1.2 镉的化合物与应用

镉可以同多种离子形成各种镉盐，常见的镉盐主要有：碳酸盐镉、硫化盐镉、醋酸盐、砷酸盐、溴酸盐、氰化物等。主要含镉化合物及其相关性质如附录 I 所示。

镉在工业上的应用，历史不长，发展很慢。1817 年发现镉后，首先是以硫化镉的形式作为黄色颜料使用。第一次世界大战期间，人们开始用镉镀钢。20 世纪 20 年代，镍-镉电池组问世。第二次世界大战以来，随着有色金属工业的发展，工业上对镉的需求日益增加[7]。

1.2.1 电镀工业

镉在电镀工业上应用广泛，主要是用镉、氧化镉等作电极或配制电镀液。材料表面镀镉具有以下优良性能[8]：

① 防锈——镉十分抗锈，在海洋环境中比锌效果好；

② 腐蚀情况——镉腐蚀过程中不产生大量的黏附于表面的腐蚀产物，使螺纹装配的部件便于拆装；

③ 电性能——镉的接触电阻低，而且不形成大量的老化产物，可延长使用寿命；

④ 焊接性——镀镉的钢件容易用非腐蚀性的焊剂来焊接，有利于电子和电工产品的生产；

⑤ 成型性——沉积可展型的镉，这样镀覆的钢材可以成型、冲压或拉伸而不受损坏；

⑥ 保护层——电镀镉是现有的保护可锻铸铁和高碳钢的最有效方法。

金属表面镀镉，在湿热性气候地区具有良好的物理化学性能，对盐雾的侵袭具有独特的耐腐蚀性。因此，镉是近代海洋、航空仪表器械以及沿海地区金属制品最优良的表面处理材料。镀镉的表面不易被氧化，在电器端点部分使用，可避免接触不良。因此，经常用在一旦发生故障就会引起重大事故的重要部件上，如控制装置端点、继电器等。

电镀工业是镉的最大使用领域，约占镉消耗量的 34%。美国的镉约有 50%、英国约有 40%用于电镀。日本每年用镉量在 1 000 t 以上，电镀约占 78%。但由于镉及相关化合物的成本和毒性问题，近年来镉在电镀方面的应用有所下降。

1.2.2　化学工业

在化学试剂、催化剂、合成树脂稳定剂和涤纶等生产过程中，镉或者镉制品常被作为原料或催化剂。有机镉化合物，如二甲基镉和二乙基镉是作为聚合催化剂使用的主要品种。此外，二乙基镉可用于四乙基铅的合成。

镉的化合物可制造高级颜料，如硫化镉（镉黄）就是鲜艳的黄色。镉类颜料，色泽鲜艳、着色力强，稳定性和耐久性都很好，特别不怕热，在600℃高温下仍很稳定，所以适用于纤维、印刷油墨、绘图用具、橡胶、陶瓷等制品的着色。制造颜料约占镉消耗量的23%。塑料和陶瓷工业使用硫化镉和硒化镉，这些化合物具有光亮而鲜明的颜色，范围为黄—橙—红色，而且在600℃而不褪色。随着塑料产量的增加，对以镉为基质的颜料的需求量也同样会增加。

在聚氯乙烯塑料中，用镉制作镉钡稳定剂，这种稳定剂可保证产品有良好的透明度、不退色性、耐热性，并可延长使用期。镉的这种用途已达镉消耗量的15%左右。

1.2.3　电子工业

在电子工业中，镉主要用于制造碱性蓄电池（镍-镉电池组）、镉灯和标准电池。

镍-镉电池的生产开始于20世纪20年代，其中镍-镉电池中镉的用量约占镉消耗量的15%。镍-镉电池与铅蓄电池相比，具有放电完全、容易保养、寿命长等优点，并可以反复充电。但其平均电压低，而且放电中的电压变动大，价格较高。较大型的镍-镉电池组，由于操作安全可靠，用于防空和军事装备中。在1908年国际电气委员会上，镉标准电池正式作为电动势的标准电池采用。

镉在半导体方面也有应用。硫化镉是一种重要的半导体，主要用来制造光敏电阻、太阳能电池和压电器件。此外，镉还可以用于激光方面，“氦镉激光”比惰性气体激光效率更高。

1.2.4 金属工业

镉及其化合物是近代合金制造的重要组分，镉能与铅、铜、镍、铝以及汞等金属制成合金而改善机械性能。镉和镍或铜的合金可应用于抗摩擦的高压汽车轴承；镉镍合金可作为飞机发动机轴承；镉铜合金在保持铜的电学特性的同时还具有更好的力学特性。含镉0.5%～1%的硬铜合金被广泛用于列车、无轨电车的架空导线，可以提高电线的抗张强度，减少磨损。此外，镉还是制造低熔点合金的主要原料，可应用于制作电器保险器、消防信号器等。

1.2.5 其他应用

镉可以强烈吸收中子，所以在核反应堆中，可以用镉来做调节控制棒以控制链式反应的速度。

镉还可以作为太阳能收集器。少量的镉还用于生产杀真菌剂。此外，镉及其化合物在农药、化肥、陶瓷、首饰以及枪支弹药的制造工艺过程中也有广泛应用。

镉具有广泛的用途，对于经济和社会发展有重要作用。由于镉在自然界中的储量不多，没有单一的镉矿床，价格较高，因此，目前镉在工业上的应用还受到一定的限制。

1.3 河流中镉的来源与污染现状

1.3.1 镉的背景浓度

镉广泛存在于环境中，因此，无论是大气、水体、土壤，还是食品、工业品和日用品中都发生着镉的迁移转化。

在大气环境中，镉的年平均浓度在 0.001～0.05 μg/m^3，平均值为 0.002 μg/m^3。其中在市区镉的浓度可达 0.02 μg/m^3，郊区为 0.003 μg/m^3，在工业区则高达 0.6 μg/m^3。

水体中的镉含量变化较大，淡水中镉含量可高达 10 μg/L，海水中为 0.02 μg/L。许多天然水体中，都有镉检出。由于工业含镉废水的排放、管道中含有镉以及在容器和用具中使用了含镉焊料等缘故，都可能使原来清洁的生活用水中的镉含量增加。

无论大气还是水体中，镉的迁移转化都能使土壤中镉含量增加。在未受污染地区，土壤中的镉含量一般低于 1 mg/kg。日本受镉污染的稻田土壤内，镉含量可达 1～50 mg/kg。日本被镉污染的土壤面积巨大且污染严重。1970 年，日本对其国内土壤分析结果显示，水田土壤平均含镉量为 0.5 mg/L，旱田为 0.4 mg/L，果园为 0.3 mg/L。土壤被镉污染后，不仅土质变坏，而且对农作物生长有害，造成减产。同时土壤中的镉会通过农产品进入人体，直接危害人体健康。

食品的种类不同，含镉量变动较大。一般植物性食品含镉较低，大部分低于 0.05 mg/kg；而动物性食品含镉量较高，其中肾、肝的含镉量明显比肉高。一般认为，水果中镉含量较低，而甲壳类和动物的肾、肝中的浓度较高。

总之，在人类所处的生活环境之中，从工农业到日常的生活用品，到处都与镉发生着或多或少的关系。随着人类的生产活动和大自然的循环，镉在不断地向生物圈迁移，并通过各种途径进入人体，危害人体健康。

1.3.2　河流中镉的来源

1870 年以前，世界上镉的产量每年不超过 100 kg，1900 年才达到 13.5 t。1910 年后镉的产量稳定上升，约为 45 t/a，主要产地为德国。1919 年，镉的冶炼有了较大的发展，仅在美国就有 6 个生产镉的工厂。1920—1925 年开始，随着电解锌工艺的发展，镉的产量也有显著提升。第二次世界大战期间，西方国家的镉产量为 4 500～6 000 t/a。20 世纪 70 年代，世界镉产量已超过 15 000 t/a，美国的产量占世界的 40%，此外，俄罗斯、加拿大、日本和澳大利亚等国也是镉的较大生产国。

工业上，镉主要作为锌精矿的冶炼副产品回收，回收率为 3～4 kg/t 原锌。一般不专门对含镉矿藏进行开采、加工以制取镉。除自然原因外，目前环境中的镉主要源于工业“三废”排放、生活污水和镉的农业应用[11]。

1.3.2.1 工业源

在使用镉的工业中，电镀车间、颜料工厂、合金和电池的生产厂是镉的主要污染源。纽约市污水处理厂的镉主要（约为 25 t/a）来自下列方面：电镀车间 33%，其他工业来源 6%，暴雨径流 12%，居住区废水 49%。其中，非冶金工业废水中镉的浓度如下：洗衣房 124 μg/L，漂洗和染色 115 μg/L，冰激凌生产 31 μg/L，纺织品染色 30 μg/L，化学品 27 μg/L。

由于化石燃料中含有微量的镉，因此，煤和石油的大量使用也是环境中镉的主要来源之一。

1.3.2.2 生活源

生活污染源排放的镉主要包括居住区的大气沉降。含锌的屋盖装配部件及室内管线的腐蚀也会释放部分的镉。此外，各类含镉产品在使用过程中也会造成镉的释放。

1.3.2.3 镉的其他来源

镉的其他来源主要是农业应用过程中排放的镉。由于磷酸盐肥料中含有 5 mg/kg 的镉，因此，施用磷酸肥过程中会造成大量的镉进入土壤。

1.3.3 水体镉污染现状

由于工业含镉废气、废水和废渣的排放，严重危害人体的健康。镉与一般有机污染不同，它不能被微生物等分解。在自然界中，它的污染是蓄积性的，随着环境中镉污染物数量的增多，就会引起严重的后果。

在正常情况下，水体中镉的含量是极低的，而较高的镉含量往往是由于工业活动所造成的。水体中的镉含量变化较大。淡水中镉含量为 10 μg/L，海水中则为 0.02 μg/L。天然水体中镉大部分存在于悬浮物和底部沉积物中，溶解性镉的含量很低。未受污染的水体，镉含量通常小于 1 μg/L。

镉电镀厂的废水中含有很高浓度的镉，特别是当更换电镀液时，往往将含镉浓度达 2 200 mg/L 的废电镀液全部排入河流或直接注入海洋，就可能造成河流或海洋受镉污染。

海水中镉含量通常为 0.01～0.05 μg/L，但是，沿岸由于大量含镉废水和废渣的倾注，镉含量往往要升高几十倍。局部海区底泥中镉含量甚至达到惊人的程度，特别是在河口、海湾地区，镉污染更加严重。

1.4 镉在水体与底泥中的迁移转化

在不同环境条件下，镉会因沉淀-溶解作用、水解作用、络合作用、吸附作用、氧化-还原等作用，发生一系列浓度和形态的变化。镉进入水体以后的迁移转化行为，主要决定于水中镉的溶解与沉淀作用以及水体中胶体、悬浮物等颗粒物对镉的吸附与解析作用[12, 13]。

1.4.1 河流中镉的吸附与解析

河流底泥与悬浮物（包括黏土矿物和腐殖质等）对水中镉有很强的吸附作用，底泥对镉的浓缩系数在 5 000～50 000。所以，天然水体中镉大部分存在于底泥和悬浮物中。黏土矿物和腐殖质对镉的吸附容量和平衡浓度之间的关系符合 Langmuir 吸附等温线方程[14]。

影响悬浮物对镉吸附容量的因素主要包括：① 悬浮物的种类与颗粒。不同悬浮物的吸附容量不同，同一悬浮物而言，粒径小，比表面积大的悬浮物具有较大的吸附容量。② 水体 pH 和碱度影响。当水的 pH 值高于一定值后，悬浮物对镉的吸附量急剧上升，出现这一现象的可能原因是在吸附的同时，发生了镉的沉淀。镉在水体中与黏土矿物接触，一般在 30 min 内即可达到吸附平衡。温度对吸附量有明显影响。

底泥与悬浮物对镉吸附作用及其后可能发生的解析作用，是控制河水中镉浓度的主要因素。

1.4.2 河流镉的络合与沉淀反应

在氧化条件的淡水环境中，镉主要以 Cd^{2+}离子形式存在；在海水中，镉主要以 Cl^-离子为配位体的络合物存在；在 pH＞9 时，镉主要以碳酸盐沉淀物形式存在；在沼泽土壤水或静海海盆地区，则转变为硫化物沉淀。镉的 E_h-pH 图如图 1-1 所示。

Cd^{2+}离子很容易形成各种络合物。它与无机配位体组成的络合物的稳定性顺序如下：SH^-＞CN^-＞$P_3O_{10}^{4-}$＞$P_2O_7^{4-}$＞CO_3^{2-}＞OH^-＞PO_4^{3-}＞NH_3＞SO_4^{2-}＞I^-＞Br^-＞Cl^-＞F^-。在环境中，从含氧的地表水

到厌氧的淤泥中，镉在各种环境中的质量平衡和分配，都受到这一亲和力顺序的制约。

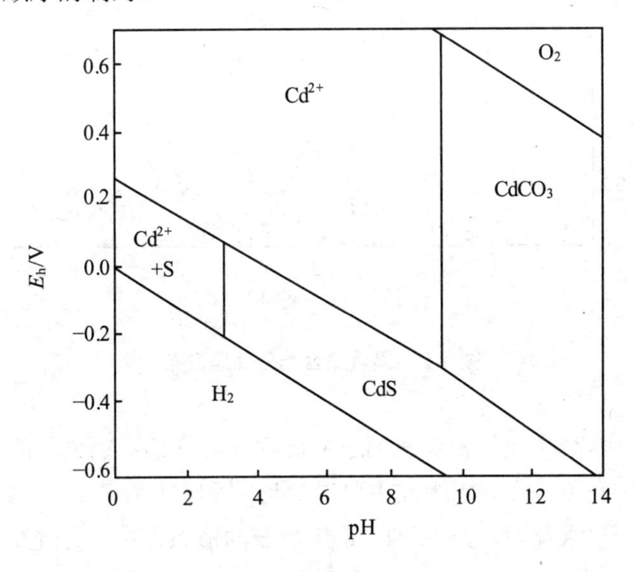

图 1-1　镉的 E_h-pH 图

溶解态的镉离子与氢氧根离子的络合物的形态和 pH 有关。当 pH＜8 时，镉基本以镉离子形式存在；当 pH=8 时，开始形成络合离子，当 pH=10 左右时，$Cd(OH)^+$达到峰值；当 pH=9 时，开始形成 $Cd(OH)_2$，当 pH=11 时，$Cd(OH)_2$ 达到峰值；当 pH=10 时，开始形成 $Cd(OH)_3^-$，当 pH=12 时，$Cd(OH)_3^-$达到峰值；当 pH＞13 后，$Cd(OH)_4^{2-}$占优势。

镉离子与氯离子的络合与氯离子浓度有关。当氯离子浓度小于 35 mg/L 时，镉主要以镉离子形态存在；但当氯离子浓度大于 35 mg/L 时，开始形成 $CdCl^+$离子；当氯离子浓度高于 3 500 mg/L 时，主要以 $CdCl^+$、$CdCl_2^0$、$CdCl_3^-$、$CdCl_4^{2-}$离子形态存在。

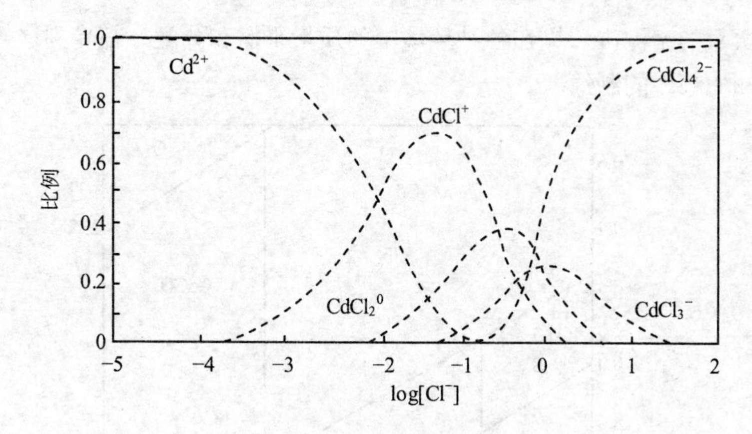

图 1-2 镉氯络合物各形态分布

通常水体中氢氧根和氯离子同时存在，它们对镉离子的络合作用会发生竞争。在海水中镉主要以 $CdCl_2^0$ 和 $CdCl_3^-$存在。

在一般水体中，镉主要以 Cd^{2+}离子的形态存在，其沉淀反应由 $CdCO_3$ 控制，pH 在 9 左右时或在还原体系中，镉溶解度低于 10 μg/L；当 pH<7 时，镉有相当高的溶解度。

硫化镉、氢氧化镉、碳酸镉均是难溶解的物质，当水体中不存在硫离子时，可形成氢氧化镉和碳酸镉沉淀。当天然水体中有溶解态的无机硫存在时，应考虑硫化镉沉淀的形成。硫化镉溶解度很低，是控制还原性水体中溶解镉的重要因素。

不管环境中的 E_h 和 pH 值如何变化，对镉化合物来说，受影响的只是 Cd^{2+}结合的基团，而镉本身始终保持二价离子形态。镉在水中的迁移较汞容易，一般在沿岸潜水区域中的滞留时间为 3 周左右。

1.4.3 河流中镉的形态与环境化学行为

湖南拥有丰富的有色金属，是我国受镉污染危害最严重省份之一。以湘江为例，说明河流中镉的形态与环境化学行为[15]。

湘江江水中镉的浓度变化范围在 0.1～19.5 μg/L，变化幅度较大，枯水期更为显著。存在两个高镉河段：中游的松柏江段受采矿废水污染，浓度达 19.5 μg/L，但影响范围不大；下游的霞湾江段受冶炼厂排放废水污染，镉浓度达 11.8～15.0 μg/L，影响范围较大。

湘江水体中，镉浓度的季节变化明显，尤其是污染较重的江段，其特点是平水期＞枯水期＞丰水期。这可能是由于平水期江水主要以暴雨径流补给，地面冲刷较强烈，含镉浓度较高的颗粒容易随径流进入水体。枯水期江水流量低，稀释自净能力弱，因此，上游工业废水影响较大。丰水期江水流量大，水位高，废水影响变小，因此浓度较低。

江水自净能力强，而且浓度越高下降速率越快，因此，大部分江段水中镉的浓度仍保持在江水的天然本底范围。进入湘江的镉99.5%以上累积在河床沉积物中。江水悬浮态镉与总镉成线性相关。溶解态镉平均占总镉量的 30%，但当总镉浓度升高时，其所占比例也增大，对生态影响明显。95%以上的镉累积在沉淀物中，非残渣态镉中碳酸盐和铁锰氧化物态镉占的比例较高，反映该水体水质重金属净化的主要地球化学机制。

洞庭湖是湘江水体中镉等重金属的归宿地，每年由江水输入的镉约 19.2 t，河床悬移质输入的镉约 46.4 t，总输入量约为 65.6 t。对比由江水输入的溶解态镉和河床悬移质输送的沉淀态镉，可知，镉主要以沉淀形式通过河床悬移质形式输送，其比例约占输入量总量的 71%。

1.4.4 河流沉积物中镉的存在形态

针对河流沉积物中镉的存在形态，以湖南水口山铅锌矿地区亚热带河流沉积物中镉的存在形态为例说明[2, 16]。

表 1-4 我国亚热带地区河流沉积物镉的形态、含量及其变化

沉积物种类		上源淋溶环境	矿山污染	冶炼厂污染	河口沉积环境
可代换态镉	mg/kg	0.004	0.037	0.67	0.02
	%	2	0.2	2	0.9
碳酸盐态镉	mg/kg	0.028	1.32	3.5	0.63
	%	16	8.5	10	32.5
铁锰氧化物态镉	mg/kg	0.11	0.17	7.86	0.4
	%	65	14.5	23	20.5
有机质硫化物态镉	mg/kg	0.03	3.5	6.23	0.12
	%	17.5	23.7	18	6
残渣态镉	mg/kg	0.002	7.78	16.1	0.76
	%	1.5	52.4	47	39
非残渣态镉	mg/kg	0.1	7.03	18.26	1.17
	%	98.5	47.6	53	61
总镉	mg/kg	0.174	14.8	34.36	1.93

从表 1-4 可知，随着镉的来源、水环境条件的变化，不同类型沉积物的形态、含量也会随之变化。

① 河流沉积物镉的含量变化较大，在 0.174～34.36 mg/kg，相差 200 倍。以冶炼厂污染的河流沉积物最高，为 34.36 mg/kg；其次是矿山污染的沉积物，含镉量为上源沉积物的 85 倍；这两种含镉高的沉积物都是人为直接影响的结果。河口沉积物含镉量为上源沉积物的 11 倍，表明河口虽在冶炼厂和矿山污染河段的百公里之外，仍受到污染的影响。

② 可代换态镉占各沉积物的含量在 0.2%～2.0%，是各种形态中最低的，但含量相差很大，冶炼厂污染的沉积物最高，这和冶炼厂排放镉性质有关，同时这种沉积物还含有较高的有机物质。

③ 碳酸盐结合态镉，含量占总镉含量的 8.5%～32.5%。表明我国一些河流水体中可广泛存在碳酸盐的沉淀过程，这可能与河流中

分布大范围的石灰岩有关。由于河水中含有大量的 Ca^{2+}和 HCO_3^-，在水体中仍可部分形成沉淀。

④ 铁锰氧化物结合态镉，占总镉含量的 14.5%～65%。同其他形态的镉比较，含量普遍较高，这可能是由于水体中存在着形成铁锰氧化物结核的地球化学条件。

⑤ 有机质和硫化物结合态镉，占沉积物总镉量的 6%～23.7%。表明在河流中镉的生物化学累积有机螯合作用并不十分强烈，矿山和铅锌冶炼厂的沉积物中这种形态的镉含量相对较高，也可能和排除硫化物态的镉有关。

以上几种形态的镉，当水环境条件发生变化时也会发生转化。具有某些活动性，如有机质中的镉，在有机质分解时也会释放出来，故有机质态镉含量比例越高，污染的潜在影响和生态效应越大。因此，河流沉积物中镉的浓度全量和形态变化主要受气候和水体环境条件控制。

镉在自然和人类社会中的循环与浓度范围如图 1-3 所示。

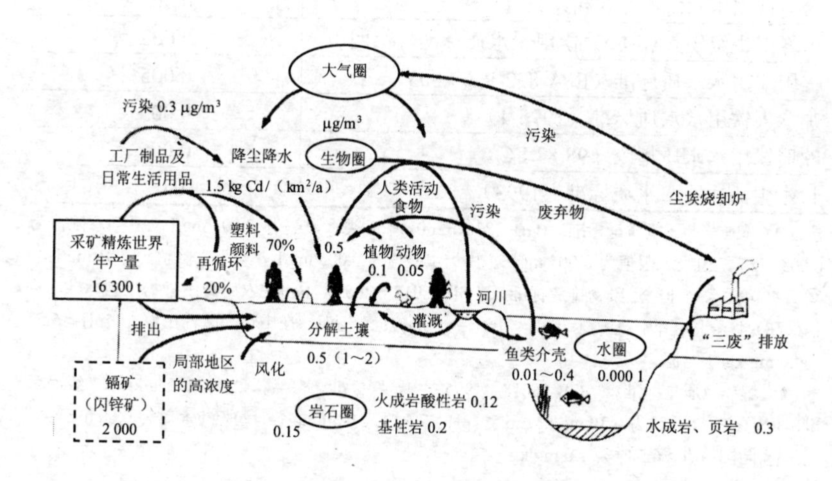

图 1-3 自然和人为系统中镉的存在浓度和循环

1.5 镉的环境标准限值

镉对人体有危害作用，是一项重要的环境指标，部分现行环境标准中镉含量限值见表 1-5。

表 1-5 部分现行环境标准中镉含量限值

水质标准名称	项目限值/（mg/L）
《生活饮用水卫生标准》（GB 5749—2006）	0.005
《生活饮用水卫生规范》（2001）	0.005
《地表水环境质量标准》（GB 3838—2002）	0.005（III类）①
《饮用天然矿泉水》（GB 8537—2008）	0.003
《污水综合排放标准》（GB 8978—1996）	0.1
《渔业水质标准》（GB 11607—89）	0.005
《城镇污水处理厂污染物排放标准》（GB 18918—2002）	0.01②
《土壤环境质量标准》（GB 15618—1995）	0.20 mg/kg（一级）③
《大气污染物综合排放标准》（GB 16297—1996）	0.050 mg/m^3
台湾饮用水水源水质标准	0.005
世界卫生组织（WHO）饮用水水质标准（第四版）	0.003
美国饮用水水质标准（EPA-822-R-04-005）	0.005
加拿大饮用水水质标准（1996-4）	0.005
欧盟饮用水水质指令（98/83/EC）	0.005
日本生活饮用水水质标准（1993）	0.01

注：①《地表水环境质量标准》(GB 3838—2002)中 I 类水限值为 0.001 mg/L，II 类水限值为 0.005 mg/L，III类水限值为 0.005 mg/L，IV类水限值为 0.005 mg/L，V类水限值为 0.01 mg/L。

②《城镇污水处理厂污染物排放标准》（GB 18918—2002）中污泥农用时污染物限制标准，总镉最高允许含量在酸性土壤上（pH＜6.5）为 5 mg/kg 干污泥，在中性和碱性土壤上（pH≥6.5）为 20 mg/kg 干污泥。

③《土壤环境质量标准》（GB 15618—1995）中一级标准（自然背景）0.20 mg/kg。二级镉标准限值中 pH＜6.5 时为 0.30 mg/kg；6.5＜pH＜7.5 时为 0.30 mg/kg；pH＞7.5 时为 0.60 mg/kg。三级标准中，pH＞6.5 时为 1.0 mg/kg。

第二章

河流突发镉污染应急处置技术和应用案例

我国正处于突发环境污染事件高发期，每年发生突发环境污染事件上百起。这些突发环境污染事件往往会造成水体污染，危害当地生态环境，威胁饮用水安全。我国的华南、西南地区（广东、广西、湖南、云南、贵州、四川等地）有色金属矿产资源丰富，采矿与冶炼业发达，重金属污染事故时有发生，近年来已发生了多起污染事件，其中影响范围较大的事件包括：2005 年广东北江镉污染事件、2008 年贵州都柳江砷污染事件、2010 年广东北江铊污染事件、2011 年湖南广东武江锑污染事件、2012 年龙江河镉污染事件、2013 年贺江镉和铊污染事件等。

镉是一种重要的伴生金属，在锌铅矿冶炼和其他伴生金属的提取过程中会产生高浓度含镉废水，这类废水如果没有得到妥善处置，在事故排放或恶意偷排后都可能造成严重污染。在 2005 年北江镉污染事件、2012 年龙江河镉污染事件、2013 年贺江镉和铊污染事件中，镉都是主要污染物。这三起镉污染事件都是由于含镉废水的违法排放造成河流突发镉污染，并对当地居民的生产、生活造成严重影响。因此，亟须研究河流突发镉污染应急处置技术并对其应用经验进行总结，以指导相关事件的处置。

河流突发镉污染的处置主要包括：污染源排查并切断污染源、制订应急监测方案并开展应急监测、因地制宜开展应急处置、对应急处置技术的环境影响和处置效果进行评价等方面。

2.1 河流突发镉污染的污染源排查

2.1.1 河流突发镉污染的来源

在正常情况下，水体中的镉含量是极低的，淡水中镉含量一般为 10 μg/L，海水中则为 0.02 μg/L。天然水体中镉大部分存在于悬浮物和底部沉积物中，溶解性镉的含量很低。若水体中存在较高浓度的镉，往往是由于工业活动造成的。

镉是一种常见伴生金属，在金属冶炼过程中，特别是锌铅冶炼过程中会排放大量含镉废水和废渣，这部分含镉废水和废渣未经有效处理可能造成严重环境污染。2005 年北江镉污染事件就是由于上游韶关冶炼厂在废水处理系统停产检修期间，违法将大量高浓度的含镉废水排入北江引起的。而韶关冶炼厂是一家大型冶炼企业，专门从事铅、锌冶炼。

除了锌铅冶炼过程中会排放大量含镉废水外，铅锌冶炼的烟尘、废渣中其他伴生金属的提取也会产生大量高浓度含镉废水，这部分废水如未有效处置也会造成镉污染。发生于 2012 年 1 月的龙江河镉污染事件和发生于2013年的贺江镉和铊污染事件都是由肇事企业在非法提取铟过程中排放高浓度含镉废水引起的。和镉一样，铟也是一种重要伴生金属，主要存在于闪锌矿中（含铟 0.000 1%～0.1%），而工业上铟主要在铅锌矿冶炼过程中作为副产品回收，通过对铅锌矿冶炼过程中的废渣和烟尘酸溶并用萃取工艺提取。铟主要用于液晶显示器屏幕，产量小，价格高，可达数百万元每吨。我国铟储量丰富，受经济利益驱动，目前非法提取铟的小作坊较多，且这些作坊分布在偏远地区，没有完善的污水处理设施。由于提炼工艺简陋，这些作坊排放的含镉废水呈酸性，含有高浓度的镉、铊等重金属。因此，这些非法小作坊是镉等其他重金属污染的重要污染源，存在很大风险。

除了镉的冶炼外，在镉使用过程中也会造成镉污染。镉电镀厂、镍-镉电池的生产与使用过程中都会产生含镉废水与废渣，这部分镉未经有效处置，也会造成局部地区的镉污染。

根据镉的来源和应用领域，针对镉污染的污染源调查，主要集中在冶炼和电镀废水上，特别需要关注铅锌冶炼废水和其他伴生金属如铟的冶炼废水。

2.1.2　污染源调查方法

污染源调查是应急处置工作的基础。在污染事故发生后，首要工作就是开展应急检测，调查并切断污染源。污染源调查的目的是切断污染源，弄清污染物的种类、数量、污染范围和形式，为应急处置提供数据基础。

在突发污染事件中，污染源调查主要采用溯源法。以检测数据为基础，根据污染影响范围，确定污染源调查范围，沿流域追查排放源。由于在污染事件发生后，受限于检测条件，难以在短时间内实现对流域内目标污染物浓度分布的检测。因此，污染源调查需要根据有限的检测数据，尽可能快地锁定目标。

为实现在较少的检测数据基础上，尽快锁定目标，需要在污染源调查前，根据特征污染物，确定流域范围内可能的污染企业。根据检测结果，在地理位置上遵循从大到小、从粗到细、重点调查的原则，实现尽快掌握并切断污染源。由于污染源的具体情况复杂，因此在实际调查过程中，需要根据现场情况采取适当措施，尽快锁定污染源。

污染源调查的基本方法：

① 以监测数据为基础，根据污染影响范围和特征污染物浓度分布，判断污染源的可能地理位置。

② 根据特征污染物，判断可能的肇事企业类型，结合地理位置和工商登记材料，确定重点调查企业。

③ 部分肇事企业往往没有完整的工商登记手续，隐藏在居民区、山区等偏僻地区。针对这类污染源，需要深入群众，及时掌握污染源信息。

④ 监测数据是污染源调查的基础，受限于现场检测能力，在突发污染初期往往不具备足够检测能力，难以及时通过特征污染物来确定污染源。这时应充分利用检测结果并发现其他可在现场快速检测的相关指标，如 pH、电导、溶解氧等用于污染源调查。此外，在污染源调查过程中尽可能配置便携检测仪，以尽快确定污染源。目前，针对锰、铁等都有便携仪器可以用于现场快速检测。

⑤ 由于突发污染事故发生后，污染源可能已完成转移或污水已完全排入河流，此时污染源已被切断。在这种情况下污染源调查主要通过污染排放后滞留的水体，并根据特征污染物排查污染源，确定肇事主体。

⑥ 在污染源调查过程中，针对多个污染源的问题，应该根据污染物的类别及企业生产情况，确定污染源并及时阻断，防止污染再次发生。

⑦ 在污染源调查过程中，应借助地图等分析工具，根据检测数据的变化，分析污染物的可能范围，为污染源排查提供方向。

此外，在突发污染发生前，环保部门应该在平时开展污染源普查工作，特别针对重点流域应在流域范围内开展污染源普查，确定各个工厂和企业的主要原料、中间产品，确定潜在的污染物，从而为突发事故发生后应急处置过程中污染源调查提供数据基础。

常规污染源调查的方法主要包括：普查、详查、重点调查和典型调查。普查就是对污染源进行全面调查。普查的内容包括企业的基本概况、生产工艺、产品及产量、资源及能源的利用情况、污染物的排放及治理，以及生产发展规划等。例如，对工业污染源进行普查，首先要搞清整个区域或者水系整个流域的工矿企业名单，再逐一对工厂规模、性质、排放量等进行一次概略的调查，目的就是为了确定作为污染源的企业，并从中找出重点调查对象。如果确定了作为污染源的企业，必须对其所处位置、厂区概况、污染物排放强度、污染控制管理情况等进行详细调查。

详查是在普查基础上，针对重点污染源进行的。对重点污染源，要详细掌握废水、废气、废渣及其他污染物的发生和排放情况。对于排放量大、影响范围广泛、危害严重的重点污染源，应在普查的基础上进行深入调查和剖析。

2.1.3　污染总量估算

污染总量的估算可根据监测结果和污染源排查的结果相互印证来计算污染总量。其中常用的污染总量估算方法如下：

① 现场调查法。现场调查法是通过对某个污染源进行现场测定，得到污染物的排放浓度和流量，然后计算出排放量。

② 物料衡算法。根据质量守恒定律，在生产过程中，投入的物料重量等于产品产量和物料的流失量总和。

③ 排污系数法。排污系数法也称经验估算法，它是根据生产过程中单位产品的经验排污系数和产品产量，计算污染物排放量。

④ 应急检测法。定点检测流域中污染团的浓度与分布，结合水文特征，扣减河流背景值，考虑沿途的吸附、损失等情况，计算得到污染物总量。

前三种方法主要针对污染源已确定的条件下，用于计算污染总量。第四种方法是应急过程中，在污染源未知条件下，估算污染规模，并以此判断污染的影响范围。

2.2 河流突发镉污染应急监测

河流突发镉污染后，开展突发污染应急监测并对污染规模评估是实施应急处置工作的基础。因此，必须做好河流的应急监测，根据监测数据及其他信息评估污染团规模和影响，并对污染团分布和位置随时间变化进行预测，为应急处置提供信息支持。

2.2.1 制订应急监测方案

污染事故发生后，需要立即开展应急检测。应急检测是污染源调查和污染处置过程的“眼睛”。因此，需要根据污染物的类型，设定检测断面，采取定点连续检测、势态判别巡测，多种方法对比的方法，及时、准确、全面了解事件中各类污染物的变化态势，为污染源排查和优化处置措施奠定基础。

制订应急方案时应因地制宜，根据受污染水体情况确定监测项目、控制断面、参与监测的单位和协同部门，保证数据的准确，能够反映实际问题。

应急监测方案的主要要素包括监测项目、控制断面与监测点布置、检测频率、质量控制、数据汇总与发布、后勤保障和数据分析。

① 监测项目。监测的项目要反映特征污染物浓度的变化。镉污染处置过程中，镉就是主要监测项目。如果采取河道处置措施，在测定特征污染物浓度变化的同时，也应同时关注投加药剂相关指标的变化，如采用弱碱性化沉法，需要关注水体 pH 变化、水体铝浓度的变化。此外，针对多种污染物复合污染，需要同时检测多项指标。

② 控制断面与监测点布置。控制断面与监测点布置应能够反映

污染物随流域的变化，同时针对重要断面，如水厂、水库等水利设施的入口和出口、河段汇流断面等设置监测断面，并定点检测，使监测数据能够反映污染物浓度在断面上随时间的变化。其中，监测点布置需要和水文数据相结合，能够全面反映流域内污染团的动态变化。

③ 检测频率。检测频率的确定，需要根据监测能力、断面的重要程度，恰当地选择检测频率。例如，在应急技术处置点上游和下游断面需要加强检测，以指导应急处置；在水厂取水断面，需要加强检测，以指导水厂生产；在河流汇流断面需要加强检测，掌握污染对下游河段的影响；在污染浓度分布集中的区域需要加强监测，掌握浓度的变化。

④ 质量控制。应急监测过程中，需要严格按照试验室质量控制要求，保证检测质量。同时，在监测过程中，应使用多种方法监测，结果互校，防止因操作差异或仪器故障造成结果差异。保证检测结果的有效性；注意改进检测方法，在保证检测数据准确性的同时提高检测效率。如镉的测定，目前采用 ICP-MS 可以实现快速测定。如果采用其他标准方法如原子吸收分光光度法、化学显色法，则效率很低，需要时间很长。因此，在应急过程中，需要根据现场条件，优化监测方法，提高效率。不同介质中镉的检测方法如附录Ⅳ所示。

⑤ 数据汇总与发布。在应急期间，所有监测数据应统一归口并统一发布，以保证数据的准确性。所有数据的收集与发布应由应急指挥部相关专人负责，保证所有数据一致与准确以便进行数据分析，指导应急处置。

⑥ 后勤保障。在应急监测方案中应制订完整的后勤保障内容。后勤保障包括监测仪器与设备、监测人员、采样人员、运送人员等方面的内容。

⑦ 数据分析。检测并掌握数据的目的是用于了解污染分布、分析处置效果，并以此指导应急处置。

2012 年龙江河镉污染事故发生后，环保部门立刻组织监测人员沿龙江河和下游柳江设置了 19 个监测断面，每小时测定一次，掌握水体污染动态变化情况，为应急处置的科学决策提供数据基础。

2.2.2 应急监测取样注意事项

突发性水污染的后果严重，影响面广，处置艰难，监测工作对及时掌握污染情况，准确预测污染进程，正确实施污染控制，切实保障用水安全都非常重要。

由于监测结果将直接影响决策，影响事件的处置效果，在时间紧、任务重、持续时间长的情况下，在进行突发性水污染应急监测时，除常规的质量控制措施外，应根据其特点在样品采集、分析测试和数据处理等方面加强监测的质量控制工作，采取一些有别于常规监测的质控方法，保证监测结果的科学准确和公正可靠。

2.2.2.1 断面分类与采样点位置确定

样品的代表性直接关系到突发性水污染应急监测工作的成败。即使实验室检测仪器设备再好，检测结果再精确，检测质量控制得再好，如果采集的是不符合要求的样品，那么其他的一切都将无从谈起，所以，样品采集是整个监测过程最基本也是重要的一步。必须做好采样的质量控制，保证样品的代表性。

在确定和优化地表水监测点位时应遵循尺度范围的原则、信息量原则和经济性、代表性、可控性及不断优化的原则。总之，断面在总体和宏观上应能反映水系或区域的水环境质量状况。

断面位置应避开死水区、回水区、排污口处，尽量选择顺直河段、河床稳定、水流平稳、水面宽阔、无急流、无浅滩处。

监测断面力求和水文测流断面一致，以便利用其水文参数，实现水质监测和水量监测的结合。

（1）河流监测断面的设置方法。

背景断面应能反映水系未受污染时的背景值。因此，背景断面的设置要求：基本不受人类活动的影响，远离城市居民区、工业区、农药化肥施用区及主要交通路线。原则上应设在水系源头处或未受污染的上游河段，如选定断面处于地球化学异常区，则要在异常区上游、下游分别设置。如有较严重的水土流失情况，则设在水土流失区的上游。

入境断面，即对照断面，用来反映水系进入某行政区域时的水质状况，因此，应设置在水系进入本区域且尚未受到本区域污染源影响处。

控制断面用来反映某排污区排放的污水对水质的影响，因此，应设置在排污区的下游，污水和河水基本混匀处。控制断面的数量、与排污区的距离可根据以下因素决定：主要污染区的数量及其间的距离、各污染源实际情况、主要污染物的迁移转化规律和其他水文特征等。

出境断面用来反映水系进入下一行政区域前的水质，因此，应设置在本区域最后的污染排放口下游，污水与河水基本混匀并尽可能靠近水系出境处。

（2）采样点位的确定。

在一个监测断面上设置的采样垂线数与各垂线上的采样点数应符合表 2-1 要求。

表 2-1 采样点位的确定

<table>
<tr><th colspan="3">采样垂线数的设置</th></tr>
<tr><th>水面宽/m</th><th>垂线</th><th>说明</th></tr>
<tr><td>＜50</td><td>一条（中泓）</td><td rowspan="3">1. 垂线布设应避开污染带，要测污染带应另加垂线；
2. 确能证明该断面水质均匀时，可仅设中泓垂线；
3. 凡在该断面要计算污染物通量时，必须按本表设置垂线</td></tr>
<tr><td>50～100</td><td>两条（近左右岸有明显水流处）</td></tr>
<tr><td>＞100</td><td>三条（左、中、右）</td></tr>
<tr><th colspan="3">采样垂线上的采样点数设置</th></tr>
<tr><th>水深/m</th><th>采样点数</th><th>说明</th></tr>
<tr><td>＜5</td><td>上层一点</td><td rowspan="3">1. 上层指水面下 0.5 m 处，水深不到 0.5 m 时，在水深 1/2；
2. 下层指河底以上 0.5 m 处；
3. 中层指 1/2 水深处；
4. 封冻时在冰下 0.5 m 处采样，水深不到 0.5 m 处时，在水深 1/2 处采样；
5. 凡在该断面要计算污染物通量时，必须按本表设置采样点</td></tr>
<tr><td>5～10</td><td>上层、下层两点</td></tr>
<tr><td>＞10</td><td>上层、中层、下层三点</td></tr>
</table>

（3）采样点位的管理。

经设置的采样点应建立采样点管理档案，内容包括采样点性质、名称、位置和编号，采样点测流装置，排污规律和排污去向，采样频次及污染因子等。

2.2.2.2 水样采集与保存

（1）水样类型。

① 表层水：在河流、湖泊可以直接汲水的场合，可用适当的容器如水桶采样。从桥头等地方采样时，可将系着绳子的聚乙烯桶或带有坠子的采样瓶投于水中汲水。要注意不能混入漂浮于水面上的

物质。

② 一定深度的水：在湖泊、水库等处采集一定深度的水样时，可用直立式或有机玻璃采水器。这类装置在下沉过程中，水就从采样器中流过，当达到预定的深度时，容器能够闭合而汲取水样。在河水流动缓慢的情况下，采用上述方法时，最好在采样器下系上适宜重量的坠子，但水深流急时要系上相应重的铅鱼，并配备绞车。

（2）注意事项。

采样时不可搅动水底部沉积物；采样时应保证采样点位置准确；认真填写“水质采样记录表”；保证采样按时、准确、安全；采样结束前，应该核对采样计划、记录与水样，如有错误或遗漏，应采取补采或重采；如采样现场水体很不均匀，无法采到有代表性样品，则应详细记录不均匀的情况和实际采样情况，供使用该数据者参考。

考虑到突发性水污染的特殊性，采样的质量控制在执行常规质量措施的前提下，还应注意以下几方面：合理调配采样资源，尽量配备有经验、对事发地情况较为熟悉的采样人员，使用性能良好的采样车船，简单容易操作的采样器具，质量稳定的样品保存剂等，保证在时间紧、任务重的情况下能及时到达采样地点顺利采样，并保证按规范保存样品并及时进行检测；保证重点断面采集平行样，提高平行样的采集率是保证采样质量的办法之一，在污染带的前锋和污染物浓度明显变化的时间及地点，提高平行样的采集率，而在污染物浓度相对稳定的时间和地点则可适当减少平行样的采集率，这样既不会过多地增加工作强度，又能保证重点，有利于提高监测质量；注意样品的分类编码，实施突发性水污染应急监测时，由于采样时间紧迫，样品数量多，工作强度大，人员疲劳，在样品的流转过程中容易造成样品的混乱，必须做好样品的编码工作，防止发生样品混乱。

（3）水样保存。

镉是一种常见金属指标，测定镉的水样常用硝酸酸化至 pH 值为 1～2，既可以防止重金属的水解沉淀，又可以防止金属在器壁表面的吸附，同时在 pH 值为 1～2 的酸性介质中还能抑制生物的活动，用此法保存，可稳定数周至数月。

2.2.3 河流水质模型

污染团分布预测方法和污染排放特征有关，不同污染源排放方式具备不同的分布特征。

污染物进入环境以后，有 3 种主要的运动形式：污染物随着环境介质流动所进行的推流迁移运动；污染物在环境介质中的分散运动；污染物的衰减、转化。其中，推流迁移只改变污染物的位置，而不改变其分布；分散作用不仅改变污染物的位置，还改变其分布，但不改变其总量；衰减转化作用能够改变污染物的总量。对于金属镉而言，其在河流中的衰减和转化，主要指镉在迁移过程中，颗粒态的镉或因吸附作用而转移至底泥中。

现有常见的河流水质模型包括：QUAL-II 综合水质模型、WASP 模拟体系、BASINS 模拟体系、QTIS 模拟体系、MIKE 模型体系等。但这些水质模型往往需要复杂的河流水质、水文参数，难以在短时间内建立，因此，对于突发污染污染物的分布和预测只能依赖河流已有的水质模型。如果发生突发污染的河流没有现成的相应水质模型，那么只能采用简单水质模型基本方程进行计算。

河流水质基本模型可根据河流情况分为：零维基本模型、一维基本模型、二维基本模型和三维基本模型。

① 零维基本模型。

零维基本模型基于在研究的空间范围内不存在环境质量差异，在空间范围内类似于一个完全混合反应器，浓度处处相等，主要用于湖泊、水库水质模拟。对于突发污染而言，往往上游污染物浓度较高，并向下游迁移，因此，零维基本模型不适用于河流，特别是发生突发污染后污染物分布的预测。

② 一维基本模型。

一维基本模型指在一个空间方向上存在环境质量变化，即在一个方向上存在污染物浓度梯度的模型，可以通过推导一个微小的体积单元（六面体）的质量平衡过程，得到一维基本模型。一维基本模型，相对简单，同时符合突发污染时污染物向下游迁移的状态，因此，可以利用河流水质一维基本模型来简单模拟河流中污染物的迁移。同时鉴于一维模型的假设条件，一维模型多用于较长且狭窄的河流水质模拟。

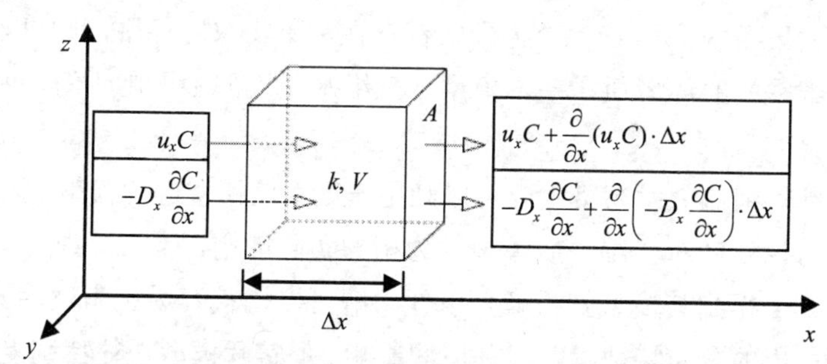

图 2-1　微小体积单元（一维）的质量平衡

根据上述微小体积单元质量平衡关系，可以得到如下关系式：

$$\frac{\partial C}{\partial t}=-\frac{\partial(u_xC)}{\partial x}-\frac{\partial}{\partial x}\left(-D_x\frac{\partial C}{\partial x}\right)-kC \tag{2-1}$$

式中：$\frac{\partial C}{\partial t}$——系统内累积的量；

$\frac{\partial(u_xC)}{\partial x}$——推流迁移引起的变化量；

$\frac{\partial}{\partial x}\left(-D_x \frac{\partial C}{\partial x}\right)$——分散作用引起的变化量；

kC——衰减转化引起的变化量。

其中，如果河流的流速和弥散系数是常数，则可以将上式改写为如下方程：

$$\frac{\partial C}{\partial t} = -\frac{\partial (u_x C)}{\partial x} - u_x \frac{\partial C}{\partial x} - kC \tag{2-2}$$

③ 二维和三维模型。

二维和三维模型与一维模型推导过程相似，如果在 x 方向和 y 方向存在污染物的浓度梯度，可以写出 x、y 平面的二维基本模型。二维模型主要用于宽的河流、河口的水质模拟。

如果在 x、y、z 三个方向上都存在污染物浓度梯度，则可以写出三维空间的环境质量基本模型。三维水质模型主要用于海洋水质模拟。

针对河流突发污染主要可以利用一维水质模型进行模拟，因此，以下讨论仅针对一维水质模型。为指导实际应用，需要在基本模型基础上，得到其模型解析解，以便于解可以比较容易地考察污染物在环境中的分布特征以及对环境的影响。但实际模型往往特别复杂，且只有在某些特定条件下，如假定介质的流动状态稳定、污染物的排放符合某些特征时，才有可能获得解析解。

一维流场中的突发性排污的水质模型的解析解可以由以下推导得到：

① 忽略弥散作用，即 D_x 为零，可以得到如下形式：

$$\frac{\partial C}{\partial t} + u_x \frac{\partial C}{\partial x} + kC = 0 \tag{2-3}$$

求解得到：

$$C(x,t)=C_0\exp(-kt)=C_0\exp\left(-\frac{kx}{u_x}\right) \tag{2-4}$$

由于不考虑弥散作用，污染物只是瞬间出现在河流的某一位置。

② 考虑弥散作用

根据模型形式：

$$\frac{\partial C}{\partial t}=D_x\frac{\partial^2 C}{\partial x^2}-u_x\frac{\partial C}{\partial x}-kC \tag{2-5}$$

可以得到解为：

$$C(x,t)=\frac{u_x C_0}{\sqrt{4\pi D_x t}}\exp\left[-\frac{(x-u_x t)^2}{4D_x t}\right]\exp(-kt) \tag{2-6}$$

其中起点浓度 C_0 可以写成如下形式：

$$C_0=M/Q=M/(u_x A) \tag{2-7}$$

式中：M——瞬时投放量；

A——河流断面面积。

对于重金属镉而言，假设其在河流中的衰减可以忽略，即 k=0，则河流下游断面的污染物浓度为：

$$C(x,t)=\frac{u_x C_0}{\sqrt{4\pi D_x t}}\exp\left[-\frac{(x-u_x t)^2}{4D_x t}\right] \tag{2-8}$$

一维流场中点源瞬时注入问题的重金属总量模型的解析解可以由以下推导得到：

假设：① 流场为半无限的柱形水库，水流可视为一维流，其流速为 u，重金属在水体中的扩散视为一维扩散，其扩散系数为 D；

② 流体为不可压缩流体，温度不变且均质各向同性；

③ 在 t=0 时刻整个研究区域中不存在重金属污染质浓度分布；

④ 从开始在柱一端（即污水排放口）的入流如 x=0，有一瞬时

重金属总量源注入，其源浓度为 C_0，求重金属总量瞬时点源作用下重金属总量分布规律。

$$\frac{\partial C}{\partial t}=D\frac{\partial^2 C}{\partial x^2}-u\frac{\partial C}{\partial x}+\phi_1 C \tag{2-9}$$

$$C(x,0)=0 \tag{2-10}$$

$$C(0,t)=C_0\delta(t) \tag{2-11}$$

$$\lim_{x\to\infty} C=0 \tag{2-12}$$

利用拉普拉斯变换法，可求得解析解为：

$$C(x,t)=\frac{C_0}{\sqrt{4\pi Dt}}\exp\left[-\frac{(x-ut)^2-4D\phi_1 t^2}{4Dt}\right] \tag{2-13}$$

某长形河流入口区段的河道平均流速 u=0.5 m/s，平均水深 h=10 m。利用水文和水质监测资料，识别的参数为：D=600.3 m/s；

$$\overline{f}_M=4\,000, K_M=0.2\times10^{-8}\text{s}^{-1}, K_w=6, K_0=0.000\,9, m=4, n=2$$

求瞬时点源浓度为 C_0=10 mg/L 的重金属总量浓度分布和底泥浓度分布。

解：由已知参数计算出综合系数为：

$$\phi_1=0.2\times10^{-8}\times(4\,000-1)+\frac{1}{10}\times(0.000\,9\times0.5^4\times4\,000-0.000\,01\times0.5^{-2})$$
$$=-0.000\,32\text{s}^{-1}$$

总量浓度分布规律为：

$$C(x,t)=\frac{10}{\sqrt{4\pi600.3t}}\exp\left[-\frac{(x-0.5t)^2-4\times600.3\times0.000\,32t^2}{4\times600.3t}\right]$$
$$=\frac{10}{\sqrt{2\,401.2t}}\exp\left[-\frac{(x-0.5t)^2+0.076\,84t^2}{2\,401.2t}\right]$$

因此，根据上式可以计算排放点下游某特定点的污染物浓度随时间的变化。

一维流场中点源连续注入问题的重金属总量模型的解析解可以由以下推导得到：

假设：① 流场为半无限的柱形水库，水流可视为一维流，其流速为 u，重金属在水体中的扩散视为一维扩散，其扩散系数为 D；

② 流体为不可压缩流体，温度不变且均质各向同性；

③ 在 t=0 时刻整个研究区域中不存在重金属污染质浓度分布；

④ 从开始在柱一端（即污水排放口）的入流如 x=0，有一浓度为 C_0 的连续源注入，求连续源作用下重金属分布规律。

根据以上假设条件，其数学模型可归纳为：

$$\frac{\partial C}{\partial t}=D\frac{\partial^2 C}{\partial x^2}-u\frac{\partial C}{\partial x}+\phi_1 C \quad (2\text{-}14)$$

$$C(x,0)=0 \quad (2\text{-}15)$$

$$C(0,t)=C_0 \quad (2\text{-}16)$$

$$\lim_{x\to\infty}C=0 \quad (2\text{-}17)$$

利用拉普拉斯变换 $\overline{C}=\int_0^{+\infty}\mathrm{e}^{-px}C\mathrm{d}x$，可求得解析解为：

$$C(x,t)=C_0\left\{\exp\left[\frac{ux}{2D}(1-m_s)erf\left(\frac{x+utm_s}{\sqrt{4Dt}}\right)\right]+\exp\left[\frac{ux}{2D}(1+m_s)erf\left(\frac{x-utm_s}{\sqrt{4Dt}}\right)\right]\right\} \quad (2\text{-}18)$$

式中：

$$m_s=\sqrt{1-\frac{4\phi_1 D}{u^2}} \quad (2\text{-}19)$$

$$erf(x)=\frac{2}{\sqrt{\pi}}\int_0^x e^{-t^2}dt \tag{2-20}$$

当$\frac{\partial C}{\partial t}=0$时，得到重金属稳态方程：

$$u\frac{\partial C}{\partial x}=D\frac{\partial^2 C}{\partial x^2}+\phi_1 C \tag{2-21}$$

可以得到其解为：

$$C(x)=10\exp\left[\frac{u}{2D}(1-m_s)x\right] \tag{2-22}$$

在松花江硝基苯事件中，清华大学承担“松花江重大污染事件的生态环境影响评估与修复”课题，为预测污染物分布，满足应急决策时效性和可靠性要求，采用“边率定、边预测、再率定、再预测”的模拟策略，一方面提高了模拟效率，另一方面又可以保证模型预测精度的不断提高。

在模拟系统结构设计方面，针对应急状态和所能获得的数据支持，采取了“水文预报模型”加“松花江一维水质模型”再加“黑龙江二维水质模型”的模型组合方式，使整个模拟系统很好地实现了繁简结合，可以简化的地方适当简化，需要复杂的地方保持复杂。既提高了建模速度，取得了应急响应的宝贵时间，又保证了预测结果的科学合理性。模拟结果通过了后续实际监测数据的严格检验，充分证明了模拟系统的有效性和合理性。

2.3 河流突发镉污染应急处置技术

2.3.1 河流突发镉污染事件处置技术筛选

由于水源突发污染往往具有时间短、污染浓度高、危害大等特点，因此作为应急处理技术，在因地制宜、现场具备条件的情况下，应按照以下原则进行筛选：

① 处理效果显著；

② 能够快速实施，易于操作；

③ 费用成本适宜，技术经济合理；

④ 无二次污染。

虽然含镉废水处理技术种类繁多，但不同处理技术具有相应特点和适用范围。针对天然河道突发镉污染，考虑到水体中可以同镉络合的离子（CN^-、Cl^-）浓度较低，因此可以直接采用化学沉淀法处理。同时由于天然河道往往水量大、流速快，而且镉的标准限值浓度低，因此难以采用吸附、离子交换等传统含镉废水处理方法进行处理。

表 2-2 不同含镉废水处理方法对比

序号	方法名称	基本原理	主要优点	主要缺点
1	化学沉淀法	镉同碳酸根、氢氧根、硫离子等形成难溶性沉淀物	操作简单，处理效果好，药剂来源广泛	药剂耗量大，需调节水体 pH 值。污泥须妥善处理以防二次污染
2	离子交换法	重金属离子与离子交换树脂发生离子交换反应	处理容量大，出水水质好，可回收水中重金属	树脂易受污染或氧化失效，再生频繁，操作费用高
3	电解法	电解法主要用于处理含氰镀镉废水，利用电解过程中将镉沉淀，分离去除	可以直接用于含氰废水处理，处理速度快	耗电量高，处理水量小，操作费用高，且需要电解设备
4	反渗透法	利用反渗透原理分离污染物和水分子	可以同时去除所有污染物。回用纯净水	设备复杂，费用昂贵，管理麻烦。会产生浓缩水需要进一步处理

序号	方法名称	基本原理	主要优点	主要缺点
5	吸附法	吸附剂活性表面通过物理化学效应吸附重金属离子	操作简单，处理效果好	再生困难，吸附容量限制，难以处理高浓度废水，常用于二次处理
6	浮选法	利用形成捕获剂结合金属离子后从水中分离	可回收重金属	有其他金属干扰，难以用于低浓度含镉废水处理
7	电渗析法	阳离子膜可通过阴离子，阴离子膜可通过阳离子，浓缩废水	操作简单，不产生废渣	预处理要求高，膜质量要求高，浓缩比有限
8	萃取法	利用萃取剂将金属从水中分离	可回收重金属	处理水量小，处理出水残余金属、萃取剂可能造成新的污染

2.3.2 化学沉淀法基本原理

由于镉在天然水体中主要以二价离子形式存在，可以同氢氧根、碳酸根、硫离子、磷酸根等水体常见阴离子形成沉淀物，因此针对河流突发镉污染，在做好含镉污泥处置的条件下，最适宜的应急处理技术为化学沉淀法。

在天然水体环境条件下，常见镉的难溶化合物主要包括：碳酸镉、氢氧化镉、硫化镉、磷酸镉等，它们的溶度积常数如表 2-3 所示。

表 2-3 镉相关化合物溶度积

化合物	K_{sp}	pK_{sp}
$CdCO_3$	5.2×10^{-12}	11.28
$Cd(OH)_2$（新鲜）	2.5×10^{-14}	13.60
CdS	8.0×10^{-27}	26.10
$Cd_3(PO_4)_2$	2.5×10^{-33}	32.6

假设水体中的镉都以离子态形式存在，即不考虑其他络合离子的作用对镉浓度的影响。根据处理出水镉的浓度，可以计算在标准限值（0.005 mg/L）条件下，水中镉离子的浓度为：

$$[Cd]_T = [Cd^{2+}]_s = 0.005\ \text{mg/L} = \frac{0.005}{112.4} \approx 4.45 \times 10^{-5}\ \text{mmol/L} \quad (2\text{-}23)$$

根据溶度积，可以计算在出水满足镉标准限值时，需要的对应阴离子浓度为：

$$[CO_3^{2-}] = \frac{K_{sp-CdCO_3}}{[Cd^{2+}]} = \frac{5.2 \times 10^{-12}}{4.45 \times 10^{-8}}\ \text{mol/L} \approx 1.17 \times 10^{-4}\ \text{mol/L} \quad (2\text{-}24)$$

$$[OH^-] = \sqrt{\frac{K_{sp-Cd(OH)_2}}{[Cd^{2+}]}} = \sqrt{\frac{2.5 \times 10^{-14}}{4.45 \times 10^{-8}}}\ \text{mol/L} \approx 7.5 \times 10^{-4}\ \text{mol/L} \quad (2\text{-}25)$$

$$[S^{2-}] = \frac{K_{sp-CdS}}{[Cd^{2+}]} = \frac{8.0 \times 10^{-27}}{4.45 \times 10^{-8}}\ \text{mol/L} \approx 1.8 \times 10^{-19}\ \text{mol/L} \quad (2\text{-}26)$$

$$[PO_4^{3-}] = \sqrt{\frac{K_{sp-Cd_3(PO_4)_2}}{[Cd^{2+}]^3}} = \sqrt{\frac{2.5 \times 10^{-33}}{(4.45 \times 10^{-8})^3}}\ \text{mol/L} \approx 5.3 \times 10^{-6}\ \text{mol/L} \quad (2\text{-}27)$$

根据上述结果，可知在几种镉的沉淀物中，形成硫化镉沉淀所需维持的溶液中硫化物的浓度最低。受到水中 pH 的影响，不同离子在天然水体中存在不同的解离形态。因此，实际处置过程应根据天然水体的水质条件，分析不同镉沉淀物的性质，选择适用的处置工艺。

2.3.2.1　碳酸镉沉淀

水中的碱度主要以 HCO_3^-和 CO_3^{2-}存在，假设水体的总碱度为 100 mg/L（以 $CaCO_3$ 计），忽略水中 H_2CO_3 的浓度，可以计算得到水中碳酸根浓度随 pH 变化的规律如下。

根据碳酸在水中的电离平衡关系式：

$$H_2CO_3 \rightleftharpoons H^+ + HCO_3^-, pK_{a1} = 6.3 \tag{2-28}$$

$$HCO_3^- \rightleftharpoons H^+ + CO_3^{2-}, pK_{a2} = 10.3 \tag{2-29}$$

可以计算得到碳酸根的浓度为：

$$[CO_3^{2-}] = K_{a2} \times \frac{[CO_3^{2-}]_T + [H^+] - [OH^-]}{[H^+] + 2K_{a2}} \tag{2-30}$$

$$\begin{aligned}[CO_3^{2-}] &= \frac{10^{-10.3}}{[H^+] + 2\times10^{-10.3}} \times (\frac{100}{50} + [H^+] - [OH^-]) \\ &\approx \frac{10^{-10.3}}{[H^+] + 2\times10^{-10.3}} \times 2\ \text{mmol/L} = \frac{10^{-10}}{[H^+] + 2\times10^{-10.3}}\ \text{mmol/L}\end{aligned} \tag{2-31}$$

根据溶度积计算结果，为满足除镉要求，碳酸根浓度应该满足如下要求：

$$[CO_3^{2-}] \geqslant 1.17\times10^{-4}\ \text{mol/L} \tag{2-32}$$

因此，根据碳酸根浓度和总碱度浓度关系，可以计算得到：

$$[H^+] \leqslant \frac{10^{-13}}{1.17\times10^{-4}}\ \text{mol/L} \approx 1\times10^{-9}\ \text{mol/L} \tag{2-33}$$

所以理论上，在不考虑水中其他络合离子影响，总碱度为 100 mg/L（以 $CaCO_3$ 计）时，pH 值大于 9，可满足除镉要求，出水符合生活饮用水卫生标准限值。

但由于在实际水体中，水体的总碳酸根浓度往往高于 1 mmol/L，因此，为满足除镉要求，所需要的 pH 值略低于 9。具体见后文试验研究结果。

2.3.2.2　氢氧化镉沉淀

根据氢氧化镉沉淀需氢氧根的浓度：

$$[OH^-]=7.5\times10^{-4}\,mol/L \tag{2-34}$$

可以计算，在理论上，采用氢氧化镉沉淀法，需维持水中氢离子浓度为：

$$[H^+]=\frac{K_{ow}}{[OH^-]}=\frac{1\times10^{-14}}{7.5\times10^{-4}}\,mol/L\approx10\times10^{-10.87}\,mol/L \tag{2-35}$$

因此，采用氢氧化镉沉淀法时，需调节水体 pH 并维持 10.9 才能够满足出水符合水质标准要求。

2.3.2.3　硫化镉沉淀

采用硫化镉沉淀除镉时，为满足出水符合标准要求，需要维持水体硫离子浓度为：

$$\begin{aligned}[S^{2-}]&=1.8\times10^{-19}\,mol/L=1.8\times10^{-19}\times32\,g/L\\&=5.76\times10^{-18}\,g/L=5.76\times10^{-15}\,mg/L\end{aligned} \tag{2-36}$$

此值远低于硫化物的标准浓度限值（0.02 mg/L），可以忽略不计。因此水中如果有硫化物那么将和镉发生化沉反应，形成硫化镉沉淀物。

在平衡条件下，为保证出水镉浓度达标，仅需控制出水硫离子浓度高于1.8×10^{-19}mol/L 即可。但硫在水中存在解离平衡，且饮用水标准中对硫化物的标准限值为 0.02 mg/L。因此需要控制出水总硫化物浓度，根据平衡关系可知，在硫离子浓度为1.8×10^{-19}mol/L 时，总硫化物浓度可由下式计算：

$$[T_S]=\frac{[S^{2-}](H^{+2}+K_{a1}\cdot H^++K_{a1}\cdot K_{a2})}{K_{a1}\cdot K_{a2}} \tag{2-37}$$

其中 K_{a1} 和 K_{a2} 分别为 H_2S 的一级与二级解离常数，原水 pH 约为 7.5，可以计算此时溶液中的总硫化物浓度为：

$$
\begin{aligned}
[S^{2-}]_T &= \frac{[S^{2-}](H^{+2}+K_{a1}\cdot H^{+}+K_{a1}\cdot K_{a2})}{K_{a1}\cdot K_{a2}} \\
&= \frac{[S^{2-}]([H^{+}]^2+K_{a1}\cdot[H^{+}]+K_{a1}\cdot K_{a2})}{K_{a1}\cdot K_{a2}} \\
&= \frac{(10^{-7.5})^2+10^{-7.5}\cdot10^{-7.04}+10^{-7.04}\cdot10^{-11.96}}{10^{-7.04}\cdot10^{-11.96}}\times1.8\times10^{-19}\text{mol/L} \\
&\approx 7.2\times10^{-15}\text{mol/L}
\end{aligned} \quad (2\text{-}38)
$$

其值远低于标准限值，因此，可以采用硫化物沉淀法除镉。

水中的镉离子可以和硫离子反应生成硫化镉，相关反应过程如下：

$$Cd^{2+}+S^{2-} \rightleftharpoons CdS\downarrow \quad (2\text{-}39)$$

根据上述反应，为实现除镉，需要投加硫化物浓度与原水中镉的浓度存在如下关系：

$$\frac{m_{s^{2-}}}{m_{Cd^{2+}}}=\frac{32}{112.4}\approx 0.284\,7 \quad (2\text{-}40)$$

如上述反应恰好完全发生，则需投加的硫化物与镉的质量浓度比约为 0.284 7，即为消除原水中 1 mg/L 的镉，需投加 0.284 7 mg/L 的硫化物（以硫计）。

而对于河流镉超标 10 倍条件下（即 0.05 mg/L），需投加的硫化物（以硫计）的浓度为 0.014 mg/L，在硫化物的标准限值可控范围内，不会对环境造成二次污染。

虽然硫化物除镉具有使用条件广、处理效果好、出水水质好等优势，但考虑到硫化物本身为水质标准控制指标，且存在操作难度大，形成的硫化镉沉淀稳定、解离慢等问题不利于应急处置后镉的迁移转化，在实际处置过程中，一般不作为优先使用的应急处置方法。

2.3.2.4　磷酸镉沉淀

用同样的方法可以计算磷酸镉沉淀所需维持水体磷酸根浓度。磷酸的溶解平衡关系如下：

$$H_3PO_4 \rightleftharpoons H^+ + H_2PO_4^-, pK_{a1} = 2.1 \quad (2\text{-}41)$$

$$H_2PO_4^- \rightleftharpoons H^+ + HPO_4^{2-}, pK_{a2} = 7.2 \quad (2\text{-}42)$$

$$HPO_4^{2-} \rightleftharpoons H^+ + PO_4^{3-}, pK_{a3} = 13.3 \quad (2\text{-}43)$$

因此，当水中磷酸根浓度为：$[PO_4^{3-}] = 5.3 \times 10^{-6}$ mol/L 时，所需要的总磷酸浓度为：

$$\begin{aligned} C_{T,P} &= [H_3PO_4] + [H_2PO_4^-] + [HPO_4^{2-}] + [PO_4^{3-}] \\ &= \left(1 + \frac{[H^+]}{pK_{a3}} + \frac{[H^+]^2}{pK_{a2} \cdot pK_{a3}} + \frac{[H^+]^3}{pK_{a1} \cdot pK_{a2} \cdot pK_{a3}}\right) \times [PO_4^{3-}] \\ &= \left(1 + \frac{10^{-7.5}}{10^{-13.3}} + \frac{[10^{-7.5}]^2}{10^{-7.2} \cdot 10^{-13.3}} + \frac{[10^{-7.5}]^3}{10^{-2.1} \cdot 10^{-7.2} \cdot 10^{-13.3}}\right) \times [PO_4^{3-}] \\ &\approx 10^6 \times [PO_4^{3-}] = 5.3 \text{ mol/L} \end{aligned} \quad (2\text{-}44)$$

因此，在 pH 为 7.5 的中性条件下不能够采用磷酸镉沉淀法除镉。

表 2-4　不同沉淀法除镉技术总结

处置技术	生成物	条件	处理出水	备注
碱性化沉法	碳酸镉	pH 约为 9	满足标准要求	实际操作中 pH 低于 9
	氢氧化镉	pH=10.9		
硫化物沉淀法	硫化镉	中性或碱性		控制硫化物投加量
磷酸盐沉淀法	磷酸镉	$C_{T,P}$=5.3 mol/L		不适用

根据不同化学沉淀法的特点，对于河流突发镉污染，可以采用碱性化沉法和硫化物沉淀法应急除镉。

2.4 河道应急除镉技术要点与实施

2.4.1 河道应急除镉技术要点

以削减河道中溶解态镉为目的，降低镉通过水流迁移能力，目前主要适用的处置技术有碱性化学沉淀法和硫化物沉淀法。其中碱性化学沉淀法已在多起重大镉污染处置事件中得到应用。硫化物沉淀法目前主要用于氰化电镀含镉废水或不适用于 pH 调节条件下的含镉废水处理。

2.4.1.1 弱碱性化沉法（碳酸镉）除镉

镉在水中可以同多种离子形成络合物。在海水中镉主要以氯化络合物形式存在，由于天然水体中氯浓度较低，因此氯代络合物可以不考虑。但镉可以以氢氧根络合物形式存在。

$$Cd^{2+}+OH^- \rightleftharpoons CdOH^+ \quad \beta_1=\frac{[CdOH^+]}{[Cd^{2+}][OH^-]}=10^{4.17} \tag{2-45}$$

$$Cd^{2+}+2OH^- \rightleftharpoons Cd(OH)_2 \quad \beta_2=\frac{Cd(OH)_2}{[Cd^{2+}][OH^-]^2}=10^{8.33} \tag{2-46}$$

$$Cd^{2+}+3OH^- \rightleftharpoons Cd(OH)_3^- \quad \beta_3=\frac{[Cd(OH)_3^-]}{[Cd^{2+}][OH^-]^3}=10^{9.02} \tag{2-47}$$

$$Cd^{2+}+4OH^- \rightleftharpoons Cd(OH)_4^{2-} \quad \beta_4=\frac{[Cd(OH)_4^{2-}]}{[Cd^{2+}][OH^-]^4}=10^{8.62} \tag{2-48}$$

根据不同 pH 条件下，计算镉的络合物以及考虑镉在水体中可能形成的氢氧化镉和碳酸镉沉淀，绘制不同 pH 条件下不同形态镉在水

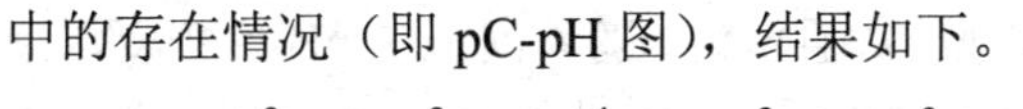
中的存在情况（即 pC-pH 图），结果如下。

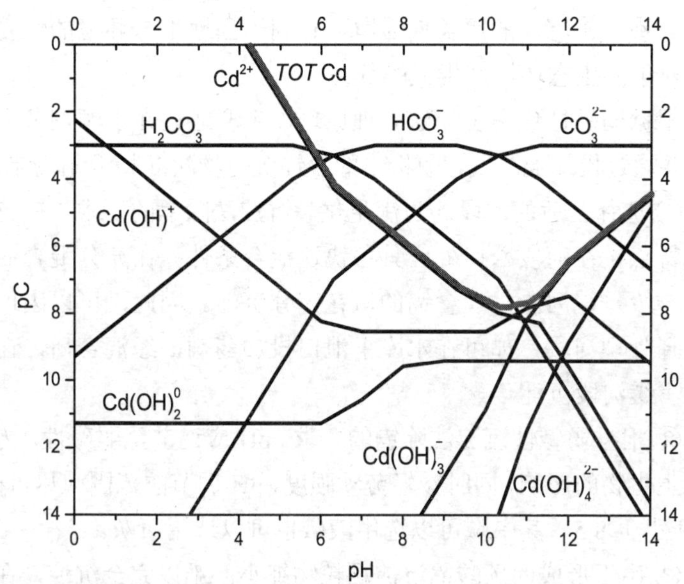

图 2-2　天然水体中镉的 pC-pH 图（$C_{T,CO_3^{2-}}=1\ mmol/L$）

从图 2-2 结果可知，在天然水体中，pH 在 6～10，镉主要以碳酸镉形式存在。因此，在天然水体中采用碱性化沉法除镉，主要通过碳酸镉沉淀作用除镉。

弱碱性化学沉淀法主要适用于处理污染物浓度低、水体含有一定碱度，并且通过微量调节 pH 即可实现将镉转化为碳酸镉沉淀的水体。由于碱性化沉法主要通过形成碳酸镉沉淀去除镉，需要调节到较高的 pH 范围（8.5 左右）才可以满足除镉标准要求，且在水体 pH 为 9 以下时，水中的碳酸根主要以重碳酸根形式存在，因此水中的碳酸根的浓度很低，不利于镉的沉淀。

同时，采用碳酸镉沉淀，沉淀的镉可以在 pH 恢复后缓慢重新溶出，因此有利于镉向下游迁移。因此，采用碳酸镉沉淀的主要目的是将高浓度污染的镉峰削弱，并且沉淀，随着河流中 pH 的恢复逐渐释放，不会将沉淀的镉长期滞留，有利于当地生态环境的恢复，也不会对下游生态环境产生大的危害。

根据弱碱性化学沉淀法处理原理，主要通过在水源调节至弱碱性，并通过投加混凝剂，使析出的含镉沉淀物随混凝矾花沉淀去除。

① 选择合适的河段。为满足化学沉淀法除镉的要求，应该具备以下特点：在河段入口处应具备快速混合条件；在充分混合后，应具备一段平缓河段，让含镉的矾花充分沉淀。因此，可以因地制宜地选择处理河段，如可在水库下泄口投加药剂，经混合后，在水库下游平缓河段沉淀。

② 根据弱碱性沉淀法除镉的要求，pH 应调节至弱碱性。为防止对水生生物的影响，同时减轻劳动强度，pH 调节的范围应尽可能小，pH 应小于 8.5。其中碱可以选用液碱也可以选用石灰。

③ 由于形成的碳酸镉沉淀颗粒物细小，难以完全沉淀，在采用碱性化沉的同时，应该投加混凝剂，保证沉淀效果。混凝剂可以和碱一同投加，或者在投碱河段的下游投加。

2.4.1.2　硫化物沉淀法除镉

由于硫化物的强还原性，在天然水体中可能会受到各类因素影响，且高浓度硫化物对生物有一定危害，因此，采用硫化物沉淀法需要慎重，并且控制溶液浓度。

根据硫化物沉淀法除镉原理，采用硫化物沉淀法除镉时，需投加的硫化物与镉的质量浓度比为 0.284 7，即为消除原水中 1 mg/L 的镉，需投加 0.284 7 mg/L 的硫化物（以硫计）。

根据试验结果，硫化物对镉具有良好的去除效果，在超标 3 倍条件下，仅需投加 0.03 mg/L 的硫化物就可以实现将镉去除至标准以下，并且能够保证出水在隔夜后镉不会析出。

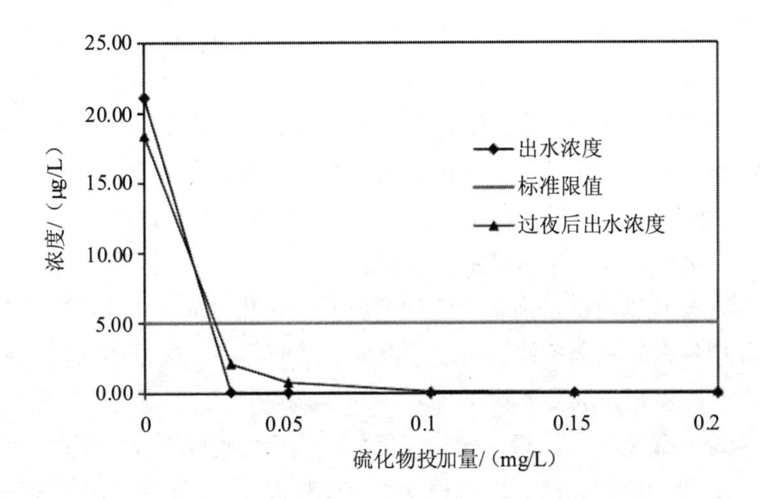

图 2-3　硫化物沉淀法除镉

由于硫化物具有强还原性，水中溶解氧可以将其氧化，工业上常用曝气充氧等方式处理含硫废水，但其速率较慢。溶解氧氧化硫化物过程如图 2-4 所示。

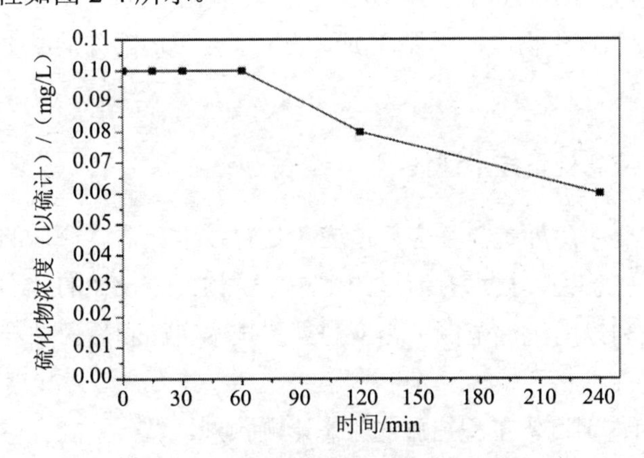

图 2-4　溶解氧对硫化物的氧化过程

采用硫化物除镉，有利于将镉转化为硫化镉沉淀，硫化镉的溶度积常数很小，因此，在河道通过投加硫化物可以及时将河道中溶解态的镉都转化为沉淀的镉。由于硫化镉沉淀很稳定，因此，不利于镉的释放。此外，由于硫化物在酸性条件下会产生硫化氢恶臭气体，在操作过程中需要特别注意，防止在酸性条件下使用。

硫化物沉淀法除镉实施技术要点：

① 硫化物沉淀法所需合适的河段同弱碱性化沉法一样，也需要一段具备充分混合条件的河段，混合之后应具备一段平缓河段，使沉淀物能够充分沉淀去除。

② 硫化物沉淀法通过投加硫化物，使硫化物同镉发生沉淀。

③ 投加硫化物时，应该根据水流调整投加量，控制和镉的投加比例。

④ 需要控制硫化物的投加浓度，保证硫化物不超标，不会对水生环境产生影响。

⑤ 硫化物配药时需要注意防止产生的硫化氢气体造成对人体伤害和二次污染，投加硫化物时应该禁止和氧化剂同时投加。

⑥ 投加硫化物后，为保证沉淀效果，应投加部分混凝剂，保证沉淀效果。

2.4.1.3 应急处置技术评估

在开展应急处置前，应开展应急处置技术评估。评估的内容主要包括：应急处置技术对河道的生态影响预判、投加的化学药品的环境影响和镉的沉淀范围，为应急处置技术实施和后评估与清淤提供数据支持。

① 河道削沉镉工程措施的生态影响预判。

水生生物对化学状态稳定的镉沉积物吸收缓慢，不会造成生物中毒；沉积的镉不会发生价态变化，不会发生甲基化，不会转变为其他次生污染物。

② 投加化学药剂的影响。

采用碱性化沉法，主要投加的是液碱和氢氧化钙，并且调节 pH 在地表水环境质量标准和渔业水质标准范围内，因此，不会对环境造成危害。

投加混凝剂为铝盐，属于地壳宏量元素，不会造成新的危害。

需要特别注意的是采用硫化物沉淀法时，硫化物过量会引入新的污染物。因此，投加硫化物时需要控制硫化物的浓度，防止硫化物超标。

③ 削沉镉沉积河段。

在采取应急处置措施前，需要对河段进行细致分析，选择平缓河段作为处置的主战场，使削沉的镉主要集中在小段地区，并根据后评估结果，如后续需开展清淤作业，可为后续清淤等工程措施提供便利。

2.4.2 不同处置技术适用条件

应急处置的基本原则：① 将污染影响范围尽可能地控制在小的范围内；② 处置的方法尽可能不对当地生态环境造成影响；③ 经过污染处置后，污染物可浓缩转移并被妥善处置。

针对河流突发镉污染的应急处置，主要存在以下困难：① 河流缺乏水处理相关设施；② 河流环境复杂，水量大；③ 突发事件污染浓度高，持续时间短；④ 污染物转入底泥，将造成二次污染，危害生态安全。

鉴于河流突发镉污染的应急处置存在各类困难、应急处理技术难以实施的问题，因此在开展河流突发镉污染应急处置前，应切断污染源，防止污染物进入河流。只有在污染物已进入河流且无法通过稀释等水利调度等途径解决污染问题，同时污染物向下游转移，将造成不良社会影响或生态危害时，才考虑采用应急除镉工艺进行除镉。

针对地表水突发镉污染的应急处理技术，根据以上分析，应采用化学沉淀法处理处置。工艺实施和工艺特点同饮用水应急除镉技术。但由于地表水往往面临水量大、污染浓度高、污染时间短、无固定处理处置设施等问题，因此当河流发生突发镉污染时，应根据河道水文条件（流量）、污染物浓度范围以及河道地质条件，划分为不同条件，根据不同条件，因地制宜地选择处理处置措施，保障当地生态安全和人民生命财产安全。

在开展应急处置前，应先切断污染源，并且通过应急监测，掌握污染物在河道中的分布情况。污染物浓度采用标准限值的 5 倍和 10 倍作为衡量标准，如果污染物微量超标，在浓度超标倍数小于 5 倍时（0.025 mg/L），可视为低浓度超标。在此条件下，弱碱性化学沉淀法效果有限，应尽力寻求通过水利调度稀释等方式使下游河段水质达标，或者选用硫化物沉淀法处理低浓度含镉废水；如果污染物浓度较高，超过标准限值 10 倍（0.05 mg/L），此时应视为高浓度污染，可以选用弱碱性化学沉淀法和水利调度削减污染峰。当污染物浓度介于二者之间，应根据当地的水文地质条件，选用恰当的处置措施。

河流流量大小决定了能否通过构筑处置构筑物的方式处理受污染水体。采用化学沉淀法，主要制约因素为镉的沉淀时间，为了满足矾花的沉淀需要（含镉污染物主要通过沉淀去除），设计的构筑物的水力停留时间应满足 1 h。假设处置构筑物的水深 1 m，对于流量为 1 m^3/s 的河流，其沉淀构筑物的面积需要 3 600 m^2，对应的处置构筑物的布局可为 18 m×200 m，此时，沿着平缓河段通过挖掘可以实现。但对于 10 m^3/s 的河道，如果构筑处置构筑物处理受污染的河水的话，那么需要的面积将达到 36 000 m^2，其对应的构筑物布局可为 36 m×1 000 m。如此大的沉淀池面积，很难在实际河道处置中应用。因此，沉淀池的面积决定了构筑处置构筑物的方法只能够在小流量河道应用。如果河流的流量大于 1 m^3/s，则难以通过引流的方式在构筑物中开展处置（除非现场有极有利条件，受污染河段存在高浓度镉且镉在河段沉积会对当地生态环境造成极恶劣影响）。

构筑处置构筑物是指可以利用受污染河流的地形条件，在河流下游（上游受污染水体会通过这个河段，经处置后去除污染物，流回河道）河道平缓处，沿着河滩通过挖掘等工程措施，构建处置构筑物。通过将受污染河水引入到处置构筑物内进行处置。对于镉污染，主要通过在入口处投加碱或者硫化物，并投加混凝剂，模拟自来水厂混凝和沉淀过程。在入口处设置廊道，使投加的药剂和河水充分混合，经过混合后，难溶性的含镉颗粒物可黏附或被包裹在混凝剂形成的矾花中，这些矾花可在构筑物中沉淀去除，处理过的河水可回流至原来河道。待受污染的水全部处置完毕，处置构筑物内沉积的含镉污泥可被挖掘并无害化处置，不会造成二次污染，有利于河段的生态恢复。

构筑处置构筑物的目的是为了防止处置过程中产生的含镉污泥在河道中堆积，且难以在后续通过清淤等方式转移，会对当地水生生态环境造成影响。构筑处置构筑物可以使含镉污泥沉积在一个小范围内，并且在事故处置结束后妥善处置，不会对当地生态环境造成影响。但构筑处置构筑物相比河道处置工作量大，所以对于受低浓度镉污染河道，处置后沉积的镉不会对当地生态环境产生大的影响，可直接使用河道处置。

以下列举的情况不包括污染物浓度非常高的排污管道、渠道的污水处理。在这些排污管和排污渠，污染物浓度高、水量小，在污染源调查后，可截断并可利用槽罐车等转运方式将其转移至相关污水处理厂或工业废水处理厂进一步处理。

（1）污染物浓度低，具备稀释条件。

如果主要污染河段污染物浓度较低，而在受污染的河段存在水利稀释条件（上游拥有水库等水利设施，或在受污染河段下游将汇入更大的河流），此时可以通过水利调度，通过稀释受污染水体，限定其影响范围，保证下游的生态安全。

在稀释过程中，应该设置导流等措施，保证受污染水体和清洁水体充分混合，不以推流形式向下游转移，以造成新的危害。

（2）污染物浓度低，无稀释条件，未及时处置会威胁沿江生态和饮水安全。

如果污染物的浓度较低，且上游无水库等稀释条件，汇入下游河道也得不到充分稀释，而且会危害沿江生态环境、威胁饮用水安全，此时应该要在河道开展应急处置。针对污染浓度低的特点，应急处置可在河道直接开展。此时可采用硫化物沉淀法（弱碱性化学沉淀法对低浓度镉的去除效果不如硫化物沉淀法），利用硫化镉沉淀，将河道中的镉析出并转移至底泥中。由于污染物浓度低，因此沉积到底泥后，不会对当地生态环境造成大的危害，待污染过后，硫化镉会缓慢释放并向下游平稳迁移。

（3）污染物浓度高，河流流量小，具备构筑处置构筑物条件。

当高浓度污染物流入较小河流，且河流具备建筑外置构筑物条件的，应及时切断污染源，防止污染向下游转移，同时在河道下游地区寻找平缓河道，根据流量计算处置构筑物面积，沿着河滩挖掘构建处置构筑物。通过在构筑物入口处引入河水，并且投加处置药剂（碱或硫化物）和混凝剂（聚合氯化铝）。经过混凝反应后，污染物可随着矾花沉淀于构筑物内，沉淀后的清水可回流至河段。通过连续处理，可以将高浓度污染物全面沉淀于构筑物内，在完成所有受污染水体的处理后，可将构筑物内的沉泥全部挖除，妥善处置，防止发生二次污染。

在构筑物内处置含镉河水，推荐使用硫化物沉淀法，硫化物沉淀法投药量较少，且可以快速处理含镉废水，处理出水镉浓度低。采用硫化物沉淀法时需要根据来水中镉的浓度按比例投加硫化物，防止硫化物过量。处理出水中如果含有硫化物可以在出口投加氧化剂（如双氧水、氯等）将多余的硫化物转化为硫酸根，以免造成新的污染。

（4）污染物浓度高，河流流量小，不具备构筑处置构筑物条件。

对于污染浓度较高，不具备构筑处置构筑物的河道，应避免高浓度污染物汇入下游河道，此时应尽可能地拦截高浓污水并开展河道处置，将迁移能力强的溶解态镉转化为沉淀，并通过投加混凝剂将其沉淀到河床上，以减少镉对下游和当地生态环境的破坏。

如果采用弱碱性沉淀法除镉，一级处理恐难达标，可根据河道中污染物的情况，采取多级处置的方式。如果采用硫化物沉淀法除镉，需要控制硫化物的投加量。对于流量小的河道，如果具备清淤条件，在处置后应该采取清淤措施，将沉积在河道底部的含镉污泥清除，以防发生二次污染。

（5）污染物浓度高，河流流量大。

针对污染物浓度高，河流水量大的河流，只能够采取河段处置的方式。在处置过程中，应该注意调配水利资源，在采用化学法削减污染峰的同时，利用水利稀释作用，将污染物稀释至标准以下，以防对下游的影响。

对于大型河流尽可能使用碱性化沉法，但是投加后 pH 不应该超过 8.5，以免对水生生物造成影响。同样，弱碱性化学沉淀法可能难以一次处理高浓度镉至达标，可以根据河道情况分级多次处理。在处置后，碳酸镉沉淀由于 pH 恢复，会缓慢释放，此时沉淀在河床底部的沉积态镉会缓慢释放，并水泥沙和河流向下游迁移，不会对当地生态环境造成长期危害。

表 2-5 不同水文地质条件下适用的处置工艺

<table>
<tr><th>浓度*</th><th>流量**</th><th>水文地理条件</th><th>处置工艺</th><th>注意事项</th></tr>
<tr><td rowspan="4">低</td><td>小</td><td rowspan="2">具备稀释条件</td><td rowspan="2">通过上游或下游稀释</td><td rowspan="2">注意沿江影响</td></tr>
<tr><td>大</td></tr>
<tr><td>小</td><td rowspan="2">不具备稀释条件</td><td rowspan="2">硫化物沉淀法</td><td rowspan="2">防止在酸性条件下使用硫化物</td></tr>
<tr><td>大</td></tr>
<tr><td rowspan="3">高</td><td rowspan="2">小</td><td>具备工程处置条件</td><td>构建处置构筑物，采用硫化物沉淀法处理</td><td>底泥挖除并稳定化，防止发生二次污染</td></tr>
<tr><td>不具备工程处置条件</td><td>河道处置，采用弱碱性沉淀法（多级）或硫化物沉淀法</td><td>处置后尽可能采取清淤等措施，防止发生二次污染</td></tr>
<tr><td>大</td><td>不具备工程处置条件</td><td>河道处置，根据现场情况，可以采用多级弱碱性沉淀法以提高处理效果，保证处理出水满足标准要求</td><td>合理水利调度，防止超标。沉积的污染物可缓慢释放进入下游，不会对当地生态产生永久影响</td></tr>
</table>

注：* 以标准限值的 5 倍和 10 倍划分，低于标准限值 5 倍为低浓度，高于标准限值 10 倍为高浓度；

** 根据处置所需构筑的面积来计算，以河道流量来划分，低于 1 m^3/s 为小流量，高于 10 m^3/s 为大流量。

2.4.3 多金属复合污染应急处置

由于镉是一种伴生金属，因此在发生镉污染的时候，往往还可能含有其他金属污染物，需要根据不同的金属采用不同处理方法。

针对多种金属污染物的应急处置，应该根据镉的处置技术，结合其他金属污染物的性质，采用适当方法处理。

其中适用于河流突发镉污染的应急处置主要有碱性化沉法和硫化物沉淀法。因此针对锌、铅、铜、铍、镍、钛、钴、锰等适用碱性化沉法处理的污染物，应该采用碱性化沉同时沉淀去除镉和相关金属。针对适用于硫化物处理的污染物（如汞、锌等）可采用硫化物沉淀法处理。

针对部分金属污染物，如钼、钒、锑等适用于酸性铁盐混凝沉淀处置的污染物，应该采用硫化物沉淀法，并在弱酸性条件下采用铁盐混凝沉淀工艺处理。

针对镉、砷混合污染，应该采用预氧化，再在弱碱性条件下使用铁盐混凝沉淀工艺处理[18]。

表 2-6　几种常见金属复合污染处理工艺选择

复合污染	处理工艺
锌、铅、铜、铍、镍、钛、钴、锰	碱性化沉法
汞、锌	硫化物沉淀法
钼、钒、锑	先硫化物沉淀法，后弱酸性条件下铁盐混凝沉淀

2.4.4　应急处置流程图

根据应急处置过程，绘制针对河流突发镉污染的应急处置流程图（图 2-5）。

2.5　北江突发镉污染事件应急处置案例

2.5.1　事件背景

2005 年 11 月，广东省韶关冶炼厂在废水处理系统停产检修期间，违法将大量高浓度的含镉废水排入北江，致使北江受到严重污染。北江韶关段水体镉超标，12 月 15 日北江高桥断面镉超标 10 倍，90 km 污染河段中含镉总量为 4.9 t，扣除本底，多排入了 3.63 t[19-24]。

北江是珠江的第二大水系，流经韶关、清远、佛山 3 市，沿江总人口达 1 258 万。韶关冶炼厂是一家大型国有冶炼企业，专门从事铅、锌提炼，是广东最大的有色金属冶炼企业，中国第三大锌冶炼企业。因此，该污染事故影响大，危害远。事件直接造成北江中上游的韶关、英德等城市的饮用水水源受到污染，英德市南华水厂自 12 月 17 日停止自来水供应。北江中下游多座城市（清远、佛山、广州等）的水源也受到了严重威胁[21]。

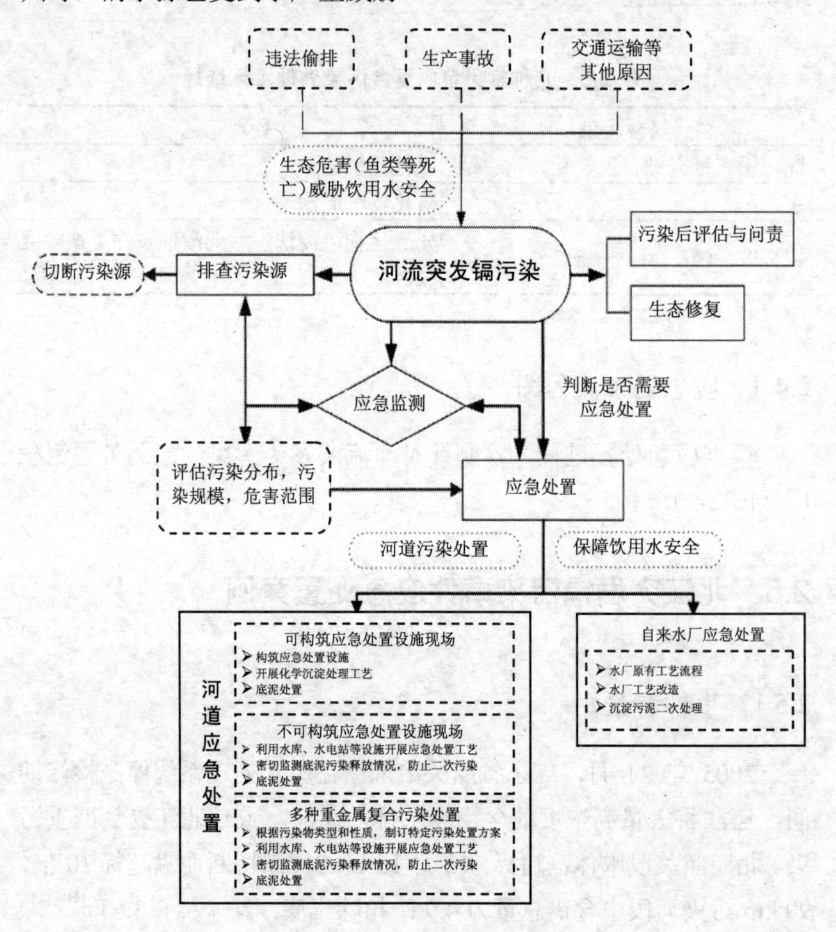

图 2-5　镉污染应急处置流程

2.5.2　应急处置过程

2005 年 12 月 16 日，原广东省环保局接到韶关市环保局的报告，该局在对北江进行的例行水质检测时发现，北江韶关段镉浓度超标 12 倍多，出现严重镉污染。接报告后，原广东省环保局立即启动了应急监测方案，组织有关城市环保局沿河道对污染源排查。并锁定韶关冶炼厂是本次污染事件的肇事单位。

在确定污染企业后，12 月 20 日，广东省政府做出了要求韶关冶炼厂立即停止排放含镉废水的决定，12 月 21 日，国家环保部门和广东省有关负责人赶到韶关冶炼厂现场，督促该厂停止排污，并由环保局执法人员 24 h 轮流巡查，检查排污口，防止含镉污水进入北江。

同时为彻底切断污染源，原广东省环保局会同韶关市委、市政府组织力量对北江韶关段排污企业进行地毯式排查，重点加强对小冶炼厂等小型企业的监管，排查企业 300 多家，关停企业 43 家。

北江水流的速度为 4.5 km/d，6 d 时间，长约 70 km 的污染带将全部流过白石窑水电厂，此后，除调水冲污外，没有其他工程措施可用。为了有效削减污染物，专家组建议，在白石窑水库涡轮机进水口投加絮凝剂，同时，对各水库实施水量调控措施，最大限度减轻污染物对下游的影响。

12 月 22 日，镉污染带峰值移至英德市南华水厂断面，距白石窑水电站仅 4.3 km，镉浓度最高值为 0.042 mg/L。当晚，投药池挖掘工作即开始，在民警帮助下，连夜施工建成了投药池。

白石窑水电站削污降镉工程从 12 月 23 日 7 时启动，截至 12 月 29 日 8 时完成，7 d 共投加药剂 3 000 t。

水量调控是削减污染物的又一重要措施。12 月 20 日，广东省三防部下发 2005 年第 5 号调度令，21 日、23 日、27 日和 31 日又接连下发第 7 号、第 8 号、第 9 号和第 10 号调度令，占了全年总调度令的一半，据事后统计，从 2005 年 12 月 23 日 8 时至 2006 年 1 月 9 日 20 时，累计向受污染河道补充新鲜水量达 3.234 亿 m^3，有效稀释镉浓度并推动污染团快速通过下游进入大海。

同时为确保居民供水安全，专家组在南华水厂供水系统实施除镉净水示范工程，通过调节 pH 值和絮凝沉淀措施，在进厂水超标 7 倍、达到 0.04 mg/L 的情况下，通过应急处理后，出水在 0.005 mg/L 以下，满足生活饮用水卫生标准要求。应急除镉取得成功。

在总结南华水厂除镉净水示范工程经验的基础上，英德云山水厂、清远七星岗水厂先后完成了应急除镉净水系统工程，保证居民生活供水正常。

12 月 23 日，卫生部门紧急对沿北江两岸陆域纵深 1 km 以内的 3 968 口水井进行排查，均未发现镉异常；农业部门对北江两岸种植业、畜禽养殖业进行排查，采取措施停止北江水灌溉农田和养殖畜禽；海洋渔业部门组织开展渔业资源应急监测，发出警报停止食用受污染的水产品。通过组织工作组进村，利用广播、电视等宣传手段，通知群众不直接饮用北江受污染的江水，确保无一人饮用受污染的水、吃受污染的食物。

2.5.3 河道处置效果

通过投加药剂削减污染物和调水稀释污染物，使得镉浓度峰值削减了 27%，减少了水体中约 800 kg 的镉。2006 年 1 月 7 日上午 8 时，飞来峡出口断面前 24 h 镉浓度均值为 0.009 2 mg/L；而且飞来峡水库出水镉浓度连续 13 日总体低于 0.01 mg/L。

经 40 天的奋战，2006 年 1 月 26 日，污染警报解除，此次污染事件除南华水厂停水 15 d 外，其他地方没有发生停水，也没有发生一例人畜中毒事故。

2.5.4 主要经验

（1）专家献策，科学应对。

科学技术的正确应用为制定和成功实施联合控制措施提供了坚实基础。联合专家组通过反复计算和核定，确定河流镉污染物总量，建立了流域梯级系统水量、水质动态预报模型。该模型不仅较准确地预测预报出污染带前锋到达时间、污染峰值及出现时间、超标天数等污染态势，还为调水方案对污染峰值和历时的削减效果作出了评估，提出了各水库最佳的水量与时间调控方案，以及为闸库系统调水控污方案的优化决策提供了科学依据。

（2）多管齐下，破解难题。

除镉削污工程对高浓度污染段的削减效果显著，而联合调水措施对低浓度段有更好的削减作用，两者互为补充，是本次污染事件成功处置的关键技术措施。应急除镉净水示范工程为水厂出水水质达标提供了坚实的技术保障，为确保让群众喝上放心水起到了关键作用，有力地保障了群众利益，维护了社会稳定。

本次污染事故处置中，在河道采取了投加混凝剂的处置方法。但在中性 pH 条件下，水中的镉主要以溶解态存在，因此经依靠混凝沉淀，处置效果不佳。因此，在类似事故中应采用弱碱性沉淀法或硫化物沉淀法处置镉污染河道。

（3）齐心协力，多方联动。

在事件处置过程中，北江沿江各级政府认真组织开展污染源排查，彻底切断污染源：原广东省环保局强化监管，加强监测，严密监控水质变化；广东省委宣传部认真组织新闻宣传工作；广东省建设厅认真组织和指导水厂实施应急改造工程；广东省水利厅积极实施水利调度工程；广东省农业和海洋渔业部门对受污染的农产品、水产品及时检验并发出警报；广东省和沿江各级卫生行政部门认真做好饮用水卫生检验；广东省国资委认证督促企业做好环境整治工作；政府统一领导，各有关方面各负其责，形成了事件处置工作合力。

（4）信息公开，释疑解惑。

此次北江镉污染事件直接影响到群众的日常生活，受到社会高度关注。在事件处置过程中，做到了及时、准确、权威的信息发布，使群众及时了解了事件的真实情况，消除了恐慌信息，维护了社会稳定，为应急处置工作创造了有力的舆论氛围和社会环境。

（5）强化环境风险源头管理。

应急管理工作重在事前预防。各地政府部门需要建立突发环境事件预防和处置的考核、奖惩制度，对预防和处置工作开展好的单位和个人予以奖励，对渎职、失责引发突发环境事件、造成严重后果的责任人要坚决依法追究责任。要组织力量开展环境安全隐患排查，全面掌握辖区各类风险源及其周边敏感点的情况，特别是饮用水水源地和人口密集地区的基本情况，实行动态管理和监控。要落实各项综合防范措施，对环境安全隐患突出的企业要坚决依法责令停产整治，并定期开展后督察检查，确保整改措施落在实处。

（6）进一步加强备用水源的规划和建设。

突发环境事件发生后，饮用水安全问题首当其冲。处置水污染事件的关键环节之一就是要确保人民群众饮用水安全。对于饮用水水源单一的城市，要进一步加强备用水源的规划和建设，多渠道开辟水源，避免因短时间停止供水造成社会恐慌。此外，还要完善饮用水水源应急预案，多途径确保城镇用水安全。

（7）强化企业环境保护的主体责任。

企业是加强环境保护，预防因安全生产、违法排污、超标排污而导致环境污染事件的法律主体。政府部门在加强宣传教育、增强企业环境守法意识的基础上，还需要通过严格的执法监管，消除其麻痹和侥幸心理，自觉加强环境管理、安全管理，提高预防事故和事故状态下防范环境污染事件的能力，杜绝环境污染事故的发生。同时，政府部门还需要在制度创新方面下足功夫，通过社会征信、银行信贷、出口配额、市场准入等多个方面加强对企业守法行为的监督，提高其违法成本，降低对环境安全的威胁。

2.6　广西龙江河突发镉污染事件应急处置案例

2012 年 1 月广西龙江河发生了镉污染事件，张晓健教授作为环保部和住建部的应急专家，担任广西壮族自治区龙江河突发环境事件应急指挥部专家组副组长，负责对应急处置进行技术指导。其中，河道投药处置由环保部华南环境科学研究所负责技术指导。

总结广西龙江河突发环境事件应急处置情况如下[25]。

2.6.1　事件发生过程

2012 年 1 月 15 日，河池市环保局在调查中发现龙江河拉浪电站坝首前 200 m 处，镉含量超《地表水环境质量标准》III类标准 80 多倍（最高 0.408 mg/L），砷超标数倍（最高 0.31 mg/L）。事件造成龙江河广西河池段 100 多 km 河道重金属严重超标，并危及下游柳州市饮水安全。

经查，本次污染事件由河池市某企业非法排污造成，生产中排出的高浓度含镉废液长期积累后，在短时间内排入龙江河，造成龙江河突发环境事件。经对河中污染水团的测算，排入水中的镉总量约 20.48 t。由于此次龙江河镉污染事件产生的污染物排放量很大，如仅靠水利调度稀释，事件后果将极为严重，会造成下游柳州市的供水水源镉超标时间超过 1 个月，最大超标倍数可达 10 倍以上，并且镉污染的影响范围可能会超出广西，污染到整个西江下游。

1 月 18 日广西壮族自治区启动了突发环境事件二级响应预案，要求做到“四个一切，三个确保”（即动用一切力量、一切措施、一切手段、一切办法进行处置，确保柳州市自来水厂取水口水质达标，确保柳州市供水达标，确保柳州市不停水），确保下游城市与沿河群众的饮水安全。

通过应急处置，本次污染事件的影响范围被控制在了龙江河河段范围内，保证了下游柳江的供水安全。到 2 月 21 日龙江河全线水质达标，广西壮族自治区于 2 月 22 日宣布解除二级应急响应，事件结束。珠江水系与镉污染实际影响范围见图 2-6。

图 2-6　珠江水系与广西龙江河突发环境事件影响区域

事故发生后，全区共调集 14 个市级和 7 个县级监测站以及湖南、四川部分监测站共 480 多人、179 台（套）各种监测设备投入应急监测，在河池六甲至象州运江 350 多 km 的河段布设了 31 个监测断面，连续监控污染团情况和应急处置效果，为应急处置的科学决策提供了基础数据。

经查，本次事故的污染源是河池市鸿泉立德粉材料厂。该厂地处龙江河边，在更改产品后未作登记，名为生产立德粉，实际上已经改为重金属提炼。该厂以当地其他有色金属冶炼厂的烟道灰为原料，采用萃取法生产铟，提取铟的萃余废液中含有高浓度镉（4～6 g/L）等多种重金属，直接排入厂内暗藏的落水洞。从 2011 年 8 月开始铟的生产，至 2012 年 1 月初共生产铟约 2.2 t，排出镉 30～40 t。

排入落水洞的废水在地下溶洞中，受龙江河水库蓄水顶托，废液在溶洞中大量积存（当地为喀斯特溶岩地区）。1月7日，因水库电站维修需腾出库容，龙江河水位突降，致使溶洞中废液集中排入龙江河，造成本次突发环境污染事件。经对水体污染团测算，此次事件排入水体的镉总量约为20.48 t。

2.6.2　应急处置措施

事件发生后，广西壮族自治区应急指挥部决定采取以下5项应急处置措施：

① 加强水质监测，掌握水体污染动态变化情况，为应急处置的科学决策提供基础依据。

② 排查并切断污染源，严肃查处责任人。

③ 河道投药削减水体污染物，即采用弱碱性化学沉淀法除镉，在多级梯级电站处投加液碱和聚氯化铝混凝剂，把污染水团中的溶解性镉离子沉降到河底，尽最大可能降低污染物浓度，控制影响范围。

④ 调水稀释，即控制龙江河污染水团的下泄流量，加大融江的水量，通过稀释减轻对下游柳江的污染。

⑤ 设立自来水厂应急处理安全屏障，确保柳州市的饮水安全。

2.6.2.1　河道投药处置

本次事件污染物的排放量很大，如仅靠稀释作用，受污染的河段将延伸至下游很远范围，后果将极为严重。为减轻对下游的污染，采取了河道投药消减措施，即在河道中采用弱碱性化学沉淀法除镉，通过在多级阶梯电站处投加液碱和聚氯化铝混凝剂，把污染水团中的溶解性镉离子沉降到河底，尽最大可能控制污染影响范围。河道投药处置由环保部华南环境科学研究所负责技术指导。

河道投药处置的具体做法和效果是：

① 在龙江河段设置了 6 道除镉工作面，沿龙江河在 4 个梯级电站（叶茂电站、洛东电站、三岔电站和糯米滩电站）处分别设置了投药处置点，对镉浓度超标 2 倍以上的污染水团进行投药拦截。

② 在电站的入口处投加液体烧碱（见图 2-7），把河水的 pH 值从原有的 7.7～7.8 提高到 8.1～8.4（前期曾投加石灰，但因劳动强度大、卫生条件差、溶解速度慢等，后期均改用液碱）。

（1）液碱槽罐车与稀释槽

（2）电站入口处投加液碱

图 2-7 河道处置液碱投加照片

③ 在电站出口处投加聚氯化铝（见图 2-8），投加量与自来水厂投加量基本相同，利用电站坝下急流条件进行水力混合、絮凝反应，

再在下游缓流河段中沉淀，所形成的含有氢氧化铝、泥沙、碳酸镉等固体物的絮体沉到河底。

（1）聚合氯化铝溶解（用混凝土搅拌机）

（2）电站出口处投加混凝剂

图 2-8　河道处置混凝剂投加照片

④ 投药处置对镉的单级去除率为 40%～60%，经过对污染水团多级投药，把污染水团控制在了龙江河河段内。共投用各类药剂 17 909 t，应急加药人员 9 425 人次，全力阻截削减污染物。

2.6.2.2 调水稀释

龙江河最后与融江汇合，汇合后形成柳江。事件中加大融江上水库电站的放流量，按照龙江河与融江的汇流比为 1∶2 进行控制，通过稀释减轻对下游柳江的污染。龙江河糯米滩电站（距离汇流点 19 km）放水流量 80～100 m^3/s，融江大埔电站（距离汇流点 21 km）放水流量约 200 m^3/s，在通过河道投药使龙江河出口镉浓度超标倍数不大于 2 倍的条件下，使下游柳江及柳州市自来水厂取水口（汇流点下游 30 km 处）镉浓度达标。设置临时导流挡水幕，调水 39 次，调融江河水 23 668 万 m^3。

2.6.3 应急处置效果

通过河道投药和调水稀释的措施，实现了把污染水团控制在了龙江河河段范围内、下游柳江镉浓度不超标的控制目标要求。河道投药与下游稀释效果见图 2-9。

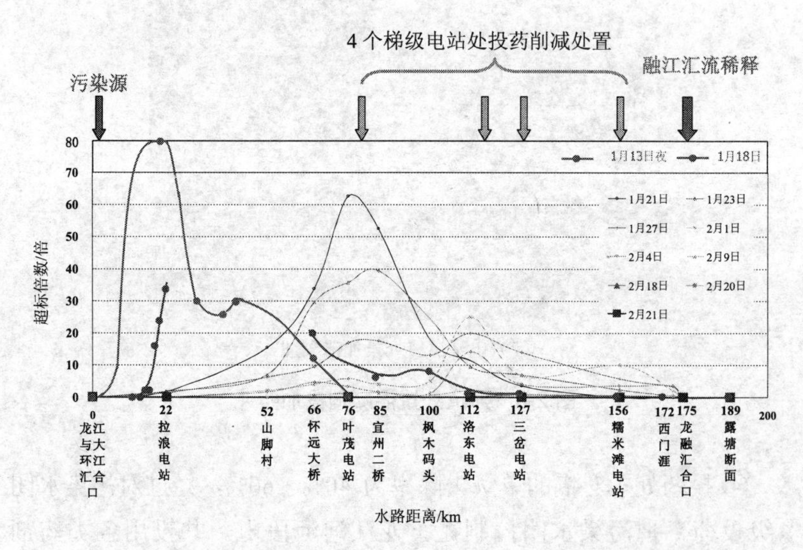

图 2-9　龙江河镉污染事件河道投药与下游汇流稀释的效果

2.6.4　应急处置的环境影响与后评估

2.6.4.1　河道沉镉处置的环境影响

对于龙江河镉污染应急处置采取的河道投药沉镉措施，当时曾有部分专家和媒体提出了质疑，认为会产生严重的次生灾害，包括河道投碱对水环境的影响、铝盐混凝剂和含铝沉泥对水环境的影响，特别是含镉沉泥可能会造成沉镉河段的长期生态灾害问题。对此，特做以下说明。

2.6.4.2　投加药剂及含铝沉淀物的环境影响

① 投加液碱问题。投碱处置使水体的 pH 值从 7.6～7.8 增加到 8.1～8.4，但仍符合《地表水环境质量标准》（pH 值范围 6.0～9.0）和《渔业水质标准》（pH 值范围 6.5～8.5）的要求，不会对水生生物造成酸碱性危害。

② 投加混凝剂问题。本次龙江河现场处置每级投加聚氯化铝 15～20 mg/L（以商品重计），此投加量只比自来水厂混凝剂投加量略有增加。由于是梯级分段投加，相当于对河水进行了几次自来水厂的混凝沉淀净化处理，对处理后的河水没有不利的环境影响。

③ 含铝沉泥问题。所投加的混凝剂中的铝元素，反应后以氢氧化铝的形式与泥沙一起沉降到河底。铝元素是地壳中的宏量元素，排在氧、硅之后为第三位，含量 8.8%，《土壤环境质量标准》和《渔业水质标准》中也没有对铝的限值。并且含铝沉淀物对底泥含铝量的增加量有限。因此含铝沉泥不会构成环境危害。

2.6.4.3 对含镉沉泥环境影响的预判

在决定采用河道沉镉处置之时，对含镉沉泥是否会造成长期环境危害问题，做出了如下预判：

① 停止投碱调整河水的 pH 值后，龙江河已沉淀下来的含镉污染物将缓慢溶解释出，但释放后龙江河水中的镉浓度不会超过《地表水环境质量标准》。

② 含镉沉淀物可以随着泥沙向下游输运，特别是在汛期随着泥沙一起，会大量向下游输运。但在自来水厂处理后，不会对城市供水水质造成影响。

③ 沉镉的缓慢释放和随泥沙向下游输运将使沉镉从沉镉区排出，有利于龙江河的生态恢复。经一段时间（预计一年内）的水力冲刷、溶解释放和沉泥覆盖，可以基本上消除沉镉的环境影响。

④ 由于只是短期影响和清淤处置难度过大，对污染区内含镉沉泥不需要进行底泥清淤处理。

含镉沉泥的溶出试验结果见图 2-10 和图 2-11。试验方法是先取高浓度受污染的龙江河水进行碱性化学沉淀法除镉，调 pH 值为 8.8，聚合氯化铝投加量 30 mg/L，进行化学沉淀除镉。然后进行含镉沉泥的镉溶出试验，把上清液倒掉，含镉沉泥加入清水至原容积，在特定 pH 值条件下充分搅拌，再静置沉淀过滤，测定溶解态的镉。试验结果显示：回调 pH 值后很快达到新的溶解沉淀平衡，在 pH=7.8 时水中溶解镉浓度为 0.005～0.009 mg/L，在 pH=8.0 时为 0.003～0.005 mg/L，与理论计算结果基本相同。即含镉沉泥在新的 pH 值条件下可以很快建立溶解沉淀平衡，停止投碱调整河水的 pH 值后，龙江河已沉淀下来的含镉污染物将缓慢溶解释出，但溶解镉浓度基本不会超标。

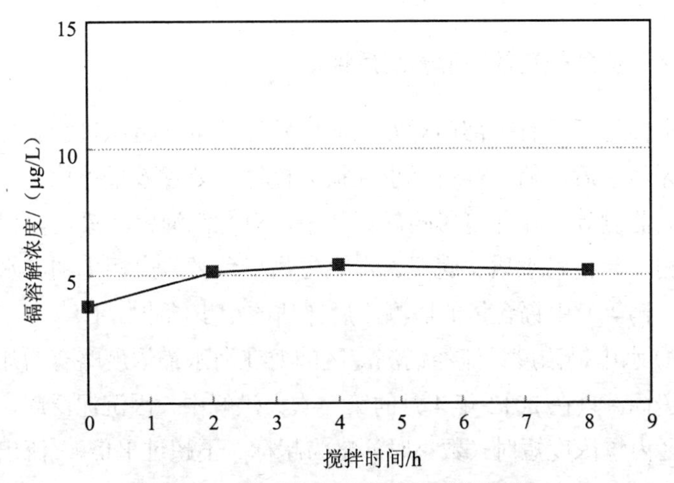

图 2-10　含镉沉泥的镉溶出时间试验

注：原水镉浓度 83.2 μg/L。除镉条件：pH 值 8.8，聚合氯化铝 30 mg/L。镉溶出条件：沉泥加清水，调 pH 值 8.0 后搅拌。

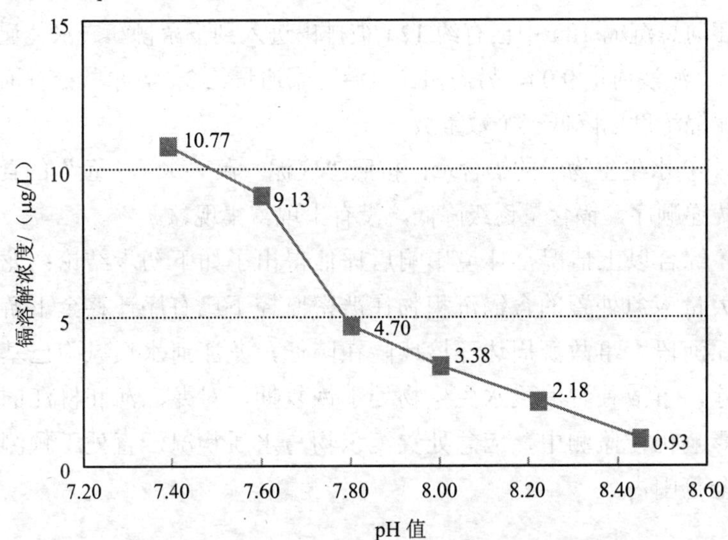

图 2-11　含镉沉泥的镉溶出浓度与 pH 值的关系

注：原水镉浓度 43.5 μg/L。除镉条件：pH 值 8.8，聚合氯化铝 30 mg/L。镉溶出条件：沉泥加清水，调 pH 值后搅拌 2 h。

2.6.4.4 应急处置的环境影响后评估

事件之后，有关部门对龙江河突发环境事件组织进行了环境影响后评估，后评估内容包括事件损失核算、处置效果评价、后续环境影响监测等。在环境影响后评估中，对龙江河镉污染河段保持密切监测，包括对水质、底泥、水生生物（鱼类、底栖生物、水草、藻类、鸭等）中镉含量的监测。后评估的初步结果如下。

① 水中镉浓度：流经镉沉淀区的龙江河水镉浓度略有增加，但没有超标。只在 2012 年 4 月的第一次大洪峰中，因沉泥泛起，部分沉镉区内镉浓度短时（数小时）略为超标（不超过 1 倍）。流出沉镉段的水中镉浓度在 5 月以后已小于 0.001 mg/L，6 月下旬已接近上游背景值 0.000 1～0.000 5 mg/L。

② 沉镉的归趋：随着沉镉的溶解释放和泥沙输运，至 6 月底，龙江河总沉镉 18 t 中已有约 12 t 被排出进入到下游柳江（水体通量 5.6 t，泥沙通量 9.0 t，另需扣除上游背景通量约 3 t），事故处置河段底泥镉浓度已降低一个数量级。

③ 水生生物中的镉含量：按照“底泥—藻—水草—鱼”的食物链传递顺序，镉含量逐级降低，没有出现富集现象。

综合以上情况，环境影响后评估得出了如下初步结论：龙江河大量应急处置的含镉沉积物在严密监控下已有序迁移至下游及柳江河段。事故源周边环境风险在降低，龙江河水质风险已基本消除，事故处置河段水生生物处于恢复期，对龙江河和柳江的环境影响仍在监测中，应急处置沉积物与水质状况一直处于预测的安全范围内。

2.7 贺江镉、铊污染事件应急处置案例

2.7.1 事件概况

2013 年 7 月 1 日，广西壮族自治区贺州市贺江部分河段网箱养鱼就出现少量死鱼现象，未引起重视。7 月 5 日，贺江部分河段又出现死鱼事件，经检测，于 7 月 6 日凌晨发现贺州市与广东省交界断面扶隆监测点水质已受到重金属污染，镉超标 1.9 倍，铊超标 2.14 倍，广西壮族自治区迅速启动Ⅱ级应急响应。

7 月 6 日，广西壮族自治区统一部署逐一排查辖区内排污企业，截至 6 日晚 8 点，当地政府已将马尾河一带的 112 家采矿企业关停并进行取样。根据群众举报，经过公安机关侦查，初步查明事件肇事企业为位于贺州市平桂管理区黄田镇清面村的汇威选矿厂。汇威选矿厂本是铁矿选矿厂，却私自安装了金属铟生产线，进行湿法提铟，所产生的含镉、铊等重金属的废水堆放在车间旁的尾矿池里，下雨时从尾矿池里溢出的含重金属废水进入浩洞河里。

本次污染事件造成贺江马尾河段河口到广东省封开县 110 km 河段及中间的合面狮水库水体受到镉、铊污染，不同断面监测到的超标范围不等。其中，镉浓度最高超标 5.6 倍。

广东省封开县 7 月 5 日接广西污染通报，相关部门迅速启动响应，积极应对，保障供水安全。同时与广西方面紧密合作，全力开展应急处置工作。

7 月 6 日当天，贺江沿线的广东省封开县境内南丰水厂在上午 8 点停止供水后于晚上 19 时 50 分恢复非饮用水供应；大玉口镇、白垢镇及时改用山水、地下水等水源保障饮用水供应；江口镇自来水厂在供水过程中同时完成供水工艺改造，一直保持正常供水。7 月 9

日开始启动南丰镇、江口镇水厂应急备用水源管道铺设工程，分别在 11 日、14 日完成，实际完工时间比预计工期各提前 2 d 和 4 d。7 月 20 日，南丰镇自来水厂在密切监控下恢复常态供水。自 7 月 21 日 0 时开始，贺江封开段水质铊、镉污染物指标全线达标。据广西方面通报，上游污染源已基本切断，合面狮水库水质基本达标。

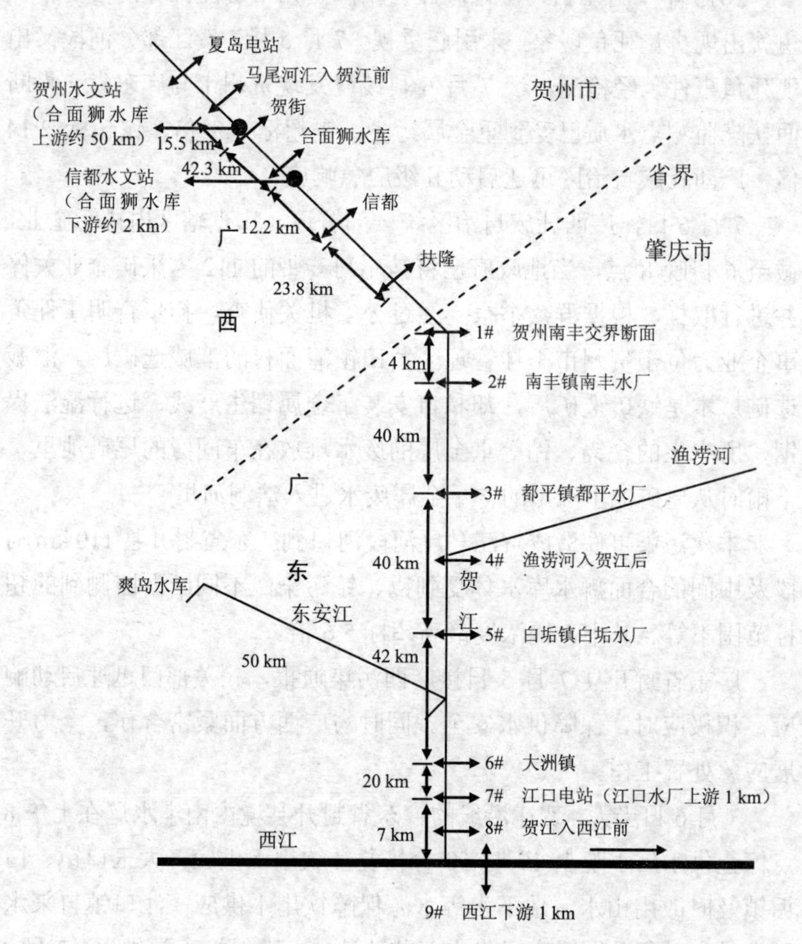

图 2-12 贺江污染事件影响流域示意

经过 15 d 的处置，7 月 20 日 8 时贺江干流镉和铊含量已实现全线达标，实现了“确保沿江城镇不停水、确保沿江群众饮用水安全、确保西江水质达标”的目标，广西随即解除了Ⅱ级应急响应。7 月 22 日，广东宣布解除应急响应状态。由于应对及时、处置得当，贺江封开段沿线群众饮用水得到有效保障，没有发生一起群众恐慌事件，事件的不良影响控制在最低限度。

2.7.2　应急处置过程

经过应急监测和对应急检测数据分析，对贺江水污染事件，现场处置专家达成三点共识：第一，目前贺江中镉浓度最高是超标 5.6 倍，其他都在 4 倍以下。由于对河道进行投药的目标是使污染倍数降至 4 倍以下，因此，在此情况下投药的效果不高。第二，对于水厂而言，只要实行了应急预案，经过投药可以确保供水安全。第三，超标的水将存在十几天的时间，污染物对生态环境的影响非常有限。

基于以上三点，专家组建议不进行以河道投药的方式削减污染物，而是改由在水厂进行应急处置。通知马尾河口至贺江注入西江河口沿线的水厂采取应急措施，尽可能采用备用水源，无备用水源的水厂在处理来水的过程中需加入除镉、除铊的工艺。此外，贺州还将于周边省市协调调水，对水中污染物质进行稀释。

由于污染源在广西壮族自治区贺州市境内贺江流段下游地区，因此，贺州境内受影响不大，但从贺江进入广东后，沿途主要流经封开县，过封开县后，贺江汇入西江，西江是广东省广州、中山等大型城市的重要饮用水水源地，因此，本次污染事故的饮用水安全保障的主战场在广东省封开县。

2.7.2.1　加强排查，切断污染源头

事故发生后，广西壮族自治区成立应急指挥部，应急指挥部组织

贺州市环保、国土、公安等部门迅速对贺江上游污染隐患开展拉网式、地毯式排查，先对上游 79 家选矿企业全面停电停产，并沿河段逐家查找污染源。根据监测数据，并在专家的指导下，经连夜排查，终于在 7 月 8 日凌晨，确定主要污染源为马尾河流域的贺州市汇威综合选矿厂，并抓获犯罪嫌疑人 8 人。该厂非法建设的铟生产项目，无任何废水处理设施，擅自将高浓度的含镉、含铊等污染物通过溶洞排入上穿窿地下河，进入马尾河，是造成此次贺江污染事件的主要原因。

此外，据 7 月 6—7 日排查情况，由于部分非法采选矿企业恶意违法排污，大量小作坊式的矿产资源选矿企业建设占用河道，原料、废渣沿河堆放，雨水、河水冲刷造成面源污染严重，也是造成此次污染事件的原因之一。7 月 8 日，贺州市迅速行动，在全市范围内开展选矿点、排污企业清理整顿专项行动，共出动人员 11 286 人次，车辆 1 297 辆（次），排查了 1 521 家环境风险隐患企业，取缔违法企业窝点 353 家，严厉打击非法采选矿、非法排污行为，从根本上消除污染隐患，杜绝新的污染物进入水体。

2.7.2.2 加强监测，密切监控水质变化情况

事件发生后，广西壮族自治区迅速组织环境监测力量连夜赶往事发现场，立即开展应急监测工作，第一时间提供监测数据，为指挥部分析研判形势、制订处置方案、寻找污染源提供了重要基础和依据。根据事态发展，及时优化和调整监测方案，加密监测频次，在贺江流域共设置 8 个定点监测断面、36 个临时监测断面及约 150 个排查监测断面，实施 24 小时严密监控，每 2 小时更新监测数据，及时掌握水质变化情况。

同时开展粤桂两省区联合比对监测，第一时间作出研判，为处置决策提供及时、准确的科学依据。

在广东省环境监测中心的统一部署下，广东省组织市、县近 130

名环境监测人员在当地镇政府的协助下在贺江和西江沿线设置11个水质监测断面进行同步采样监测，根据事件处置过程，先后对监测方案进行了8次优化调整，采样间隔分别为1 h、2 h、4 h、6 h等，密切监控污染物沿程变化，准确预测污染物变化态势。事件发生以来共出动送样、采样人员846人次，车辆621车次，共出具有效数据2 334个。同时，水文部门每天在贺江沿线的南丰水文站、爽岛水库下游东安江出口、贺江出西江口三个河流断面以及都平电厂、白垢电厂、江口电厂三个梯级水电站开展水文监测，为水利调度和预测污染变化提供基础数据。

2.7.2.3　突出重点，保障供水安全

重金属污染的重要危害是威胁供水安全。本次贺江污染事件直接危害下游封开县供水安全。为保障供水安全，封开县采取多种措施，保障辖区内居民的饮水健康。

① 依托广东省卫生监督所、清华大学、深圳水务集团、广州水务集团等专家的力量，对南丰镇、江口镇自来水厂进行工艺改造，通过石灰碱化、高锰酸钾氧化、絮凝剂沉淀、次氯酸钠消毒等应急处理工艺保障水厂出水水质。调试过程中，根据专家指导意见，絮凝剂由聚合氯化铝改为聚合硫酸铁以降低出水的铝含量；增加计量泵以确保投药的精确性，保持水质的稳定。经检测，在进厂水铊浓度超标1倍以上的情况下，出厂水能处理达到相关饮用水标准，水厂工艺改造效果明显，为江口水厂正常供水、南丰水厂早日恢复常态供水提供有力保障。

② 事件发生后，广东省省、市、县政府迅速投入应急专项资金550万元，于7月9日启动江口和南丰应急水源工程建设。广东省防总派出工作组赴封开县实地查勘，研究制订应急水源建设方案，紧急调拨三防物资，派出省三防抢险二队进驻封开县，与省长大公路

工程公司、市县住建、国资、水务、交通、公路、环保及县纪委、发改、财政、江口镇政府、南丰镇政府等部门协调联动，共抽调 450 多人，采用三班倒不间断工作。施工单位克服高温、雷雨等各种困难，全天 24 h 分班连续施工。监理公司派出 8 名监理人员实行全程旁站监理，确保工程质量。经各方努力，应急备用水源工程高效推进，其中江口镇管道工程全长 2 471 m，分两级泵站，南丰镇工程管道 1 500 m，分别在 7 月 11 日、14 日完成并试供水成功，比原计划各提前 2 d 和 4 d。

③ 保证沿江居民用水安全，广东省组织卫生部门组建了近 30 人的卫生监测应急工作小组密切关注沿线饮用水水质，及时制定《贺江水污染应急卫生监测方案》，根据供水网络和供水情况，科学合理设置监测点和监测频率，对江口水厂、南丰水厂的水源水、出厂水、末梢水、备用水源等水质进行严密监控，并根据贺江的水情和污染物浓度变化，每天调整监测计划，确保水质监测的科学性。

在广西境内，根据龙江河镉污染事件处置中取得的经验，采取多种措施，保障供水安全。

① 以自治区卫生厅为主的医疗防疫组及时对信都水厂的水源水、出厂水及末梢水样品进行采样检测，加强对贺江流域沿岸 500 m 以内饮用水井监测排查，及时停用超标水井；对沿岸居民进行安全饮水宣传教育，加大介水性传染病监测力度，防止相关疾病暴发流行，确保沿岸生产生活用水安全和群众身体健康。

② 在保障供水的同时，广西壮族自治区切实做好死鱼处置工作，按照“不能食用、不准出售、不准转运和必须进行无害化处理的原则”，采取挖深坑、压石灰无害化处理的方式进行处理。

经过多方努力和宣传，在整个应急处置阶段，沿岸城镇水厂没有停水，群众饮用水得到保障，未发生沿线群众镉、铊中毒事件，也未发现市场上出售和群众食用死鱼情况。

2.7.2.4 科学调水，最大限度削减稀释污染

事件发生后，广西壮族自治区在第一时间向环保部华南环科所咨询处置对策，并就事件态势作出判研。应急指挥部成立后，专门设立专家组，聘请环保部应急办、华南督查中心、环保部华南环科所和水利部珠江水利委员会以及自治区相关领域专家，研究制定了《贺江水污染事件应急处置方案》和《贺江环境突发事件粤桂联合应急处置总体方案》，明确应急处置目标任务、总体思路、技术方案和操作规程，增强处置科学性，发挥技术支撑核心作用。在专家的指导下，主要采取调水削峰稀污、水厂应急运行等措施，科学处置和应对，使贺江干流镉和铊浓度不断下降，直到达标。

按照粤桂两省区制定的联合应对方案，广东省省防总、水利厅与水利部珠江水利委员会、广西水利厅、广西防汛抗旱指挥部、广西水文水资源局等部门强化沟通联系，实现监测数据资源共享，制定贺江应急水量调度方案。在广西境内共发出 7 道调水令，科学调度贺江流域龟石水库和爽岛水库下泄流量，配合广东省调度江口、都平、白垢梯级电站水量，延长污染水团滞留时间，进一步稀释污染物浓度，有效确保调水削峰稀污工作顺利开展，对下游水质指标控制发挥重要作用，为确保广东省封开县自来水厂取水达标奠定基础。

2.7.2.5 主动公开，发布新闻正确引导舆论

事件发生后，以广西壮族自治区党委宣传部为主的宣传报道组及时披露事件信息，并于 7 日、8 日指导贺州市召开了两场新闻发布会和两次集体采访，及时准确地发布监测数据，主动发布 9 篇新闻通稿，回应社会关切，正确引导舆论，避免炒作和谣言。掌握了信息发布的主动权，把负面影响降到了最低，也为本次事件的处置营造了良好的舆论环境。

广东省封开县于7月6日下午14时对外发布新闻通稿，及时公开信息，指导广大市民妥善应对。7月9日下午，肇庆市处置贺江流域水质污染事件联合指挥部在封开县文化中心召开贺江水体污染处置新闻发布会，向国家、省、市10多家媒体通报贺江水污染情况、相关处置措施以及应急处置工作进展情况。应急处置期间，制作和印发饮用水卫生宣传海报和小册子近1万份向群众宣传饮水卫生知识，持续向媒体公开相关进展情况，引导媒体客观公正、实事求是地报道，切实维护社会稳定和群众正常的生产生活秩序。

2.7.3 应急处置效果

在本次污染事故处置过程中，由于污染物浓度较低，且沿途拥有水库，能够拦截污染物并缓慢释放，通过调水稀释目的控制污染危害。考虑到河道中污染物的浓度以及河道应急处置效果，在本次污染事故中，没有在河道采用化学削减污染等工程手段来控制污染，主要通过水利措施，使污染物经稀释后满足环境标准要求。同时，沿江水厂采取切换水源或通过改造水厂保障供水安全。

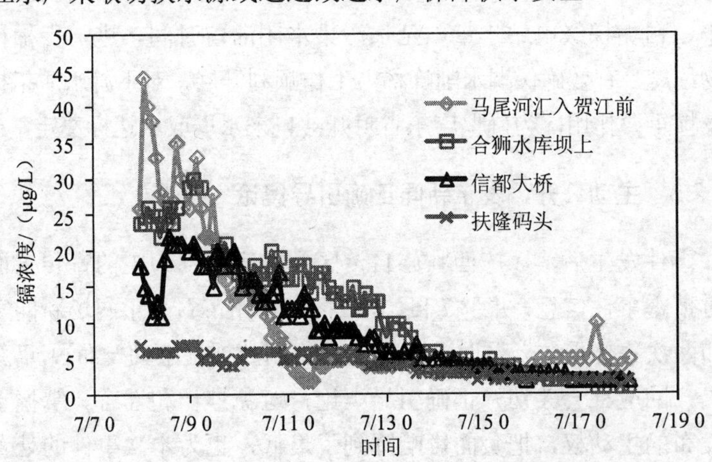

图2-13 重点监测点镉浓度随时间变化

由于本次事件中，污染物除了镉以外还有重金属铊，两者浓度都很低。对于镉而言可以通过河道处置方式实现对污染的控制，但是针对河流铊污染，目前并无有效工程措施来控制，只能够采用改造水厂工艺在水厂进行应急处置，保障供水安全。

2.7.4　经验启示

（1）强化部门共同责任，建立部门协同合作机制是事件有效预防和处置的前提。

环境保护工作涉及面广，综合性强，必须动员全社会各方面的力量，形成大合力，才能解决环境问题。此次水污染事件发生后，经对贺江沿岸及支流沿岸进行排查发现，有超过 100 家采选矿企业和化工厂分布沿岸，其中大部分企业证照不齐、审批手续不全，部分企业属于无证无照经营状态，且生产秩序混乱，未建设污染防治设施并向水体任意排污。此类企业的长期存在，除了企业业主铤而走险、唯利是图之外，与当地政府和工信、电力、工商、水利、国土等负有审批、监管职能的行政部门不按照《水污染防治法》履职有关。建议各地政府把环境保护，尤其是环境安全的目标指标体系纳入绩效考核内容，考核结果作为各级各部门干部政绩考核和选拔任用的重要依据，各级组织部门认真落实和执行环境保护“一票否决制”。

（2）严密监测是应急处置基础。

水质监测作为事故处置工作的重中之重，通过科学布点、规范监测，昼夜连续监控、同步采样，获得了大量、科学的基础数据，及时、准确地掌握水质变化情况，掌握污染团流动情况，形成了信息畅通、反应灵敏的水质监测体系，充分发挥了水质监测是科学决策的“眼睛”作用，为制订治污方案提供了数据支撑。

（3）粤桂两地密切配合是关键。

事件发生后，两地相互谅解和支持，迅速建立协调联动机制，第一时间互通信息，及时采取措施应对，为应急处置赢得了宝贵的时间。在环保部组织协调下，粤桂联合治污合力得到进一步的加强，两地实现实时信息互联，通过制订联合应对方案，开展上下游同步应急监测和水利联合调度，共同做好舆论引导工作，为应急处置工作取得胜利提供良好环境。

（4）引导舆情是事件处置的外部要求。

发生突发危机事件后，当地政府部门拥有天然的主场信息优势，一定要掌握信息披露的主动权，力争让政府部门公布的消息成为媒体的信源，从而为化解危机创造舆论条件。在此事件中，贺州市新闻办主动披露污染事件，从一开始就掌握了信息传播上的主动权，并借助传统媒体和网络媒体对政府的通告加以传播，使政府可能对舆论进行有效引导。

在突发危机发生后的应对中，官方往往倾向于告知民众最终的结果，而对处理过程只字不提或提之甚少，这其实是官方懒政的一种表现。面对突发危机，民众拥有基本的知情权，这就要求官方尽最大可能满足民众对信息的需求，一方面表现出官方对民意的尊重，另一方面也有利于压缩谣言的空间。

在此事件的处理中，官方第一时间告知公众污染物为镉和铊，并告知超标的具体数值，随后对潜在污染源一一进行排查，并最终确定污染源，并对企业责任人依法控制。贺州市官方在此事件的处理中，注重细节，使得事件的处理显得更加透明和公开，从而使得官民得以互信。

第三章

水源突发镉污染的饮用水处理技术和应用案例

饮用水是人类赖以生存的物质基础，保障饮用水安全就是保障人类生存的生命线。由于我国长期以来工业布局，特别是化工石化企业布局不合理，众多工业企业分布在江河湖库附近，造成水源水污染事故隐患难以根除。在 2006 年，据原国家环保总局调查，全国总投资近 10 152 亿元的 7 555 个化工石化建设项目中，81%布设在江河水域、人口密集区等环境敏感区域，45%为重大风险源[26]。此外，由于化学品运输中的车辆超限超载现象严重，运输事故时有发生，造成化学品的泄漏，污染水源[27]。

我国 2001—2004 年发生水污染事故 3 988 件，自 2005 年年底松花江水污染事件发生后，国内又发生几百起水污染事件，其中多数是由工业生产和交通事故等突发性事故而引发的，大多影响到饮用水水源[28]。

镉在国民经济发展过程中起重要作用，广泛应用于电镀、冶金等行业。同时，镉对人体有重大毒害作用，各类环境质量标准及卫生标准都对镉的浓度严格规定了限值。因此，结合镉的性质，研究当水源突发镉污染时自来水厂应急处置技术，对于保障饮用水安全、维护居民饮水安全和身体健康具有重要意义。

本章所撰写的自来水厂应急除镉技术及应用案例，仅作为供水部门在突发镉污染事件后保障安全供水参考使用。

3.1 自来水厂净水技术

给水处理的主要任务和目的是通过必要的处理方法去除水中杂质，以价格合理、水质优良安全的水供人们使用，并提供符合质量要求的水用于工业。到 21 世纪初，饮用水净化技术已基本上形成了现在被人们普遍称之为常规处理工艺的处理方法，即混凝、沉淀或澄清、过滤和消毒。这种常规的处理工艺至今仍被世界大多数国家所采用，成为目前饮用水处理的主要工艺[29]。

饮用水常规处理工艺的主要去除对象是水源水中的悬浮物、胶体杂质和细菌。混凝是向原水中投加混凝剂，使水中难以自然沉淀分离的悬浮物和胶体颗粒相互聚合，形成大颗粒絮体。沉淀是将混凝后形成的大颗粒絮体通过重力分离。过滤则是利用颗粒状滤料截留经沉淀后出水中残留的颗粒物，进一步去除水中杂质，降低水中浑浊度。过滤之后采用消毒方法来灭活水中致病微生物，从而保证饮用水卫生安全性。

但随着环境质量恶化，重金属污染物、有机污染物等通过各类途径进入水源，常规处理工艺由于对有机污染物和重金属污染物去除效果有限，因此，在常规处理工艺基础上发展深度处理工艺、预处理工艺或强化常规处理工艺。深度处理通常是指在常规处理工艺以后，采用适当的处理方法，将常规处理工艺不能有效去除的污染物或消毒副产物的前体物加以去除，提高和保证饮用水质。应用较广泛的深度处理技术有活性炭吸附、臭氧氧化、生物活性炭、膜技术等。预处理通常是指在常规处理工艺前，采用适当物理、化学和生物的处理方法，对水中的污染物进行初级去除，同时可以使常规处理更好地发挥作用，减轻常规处理和深度处理的负担，发挥水处理工艺整体作用，提高对污染物的去除效果，改善和提高饮用水水质。

目前，我国现有的自来水厂 95%以上仍然采用的是常规工艺：混凝—沉淀—过滤—消毒，主要是应对浊度、细菌、病毒。鉴于目前多数水厂仍采用常规处理工艺，升级后的水厂也是在常规处理工艺基础上，增加预处理工艺或深度处理工艺流程，因此饮用水应急除镉技术的研究和应用主要是在常规处理工艺基础上，根据镉污染物的物化特征，通过改进工艺或增加预处理措施，实现对镉的去除。

3.1.1　常规处理工艺

3.1.1.1　混凝

混凝工艺主要去除水中的悬浮颗粒、浊度和消毒副产物（DBPS）的前驱物质——天然有机物（NOM）。混凝的机理是：① 双电层压缩；② 因吸附作用使电荷中和；③ 拦截在沉淀物上；④ 因吸附形成颗粒间的架桥作用。铝盐或铁盐作为混凝剂时，主要机理是电荷中和、沉淀物拦截，后者被称为沉淀絮凝。

混凝工艺对污染物的去除效果与混凝药剂品种、投加量、pH 值、搅拌程度、混凝剂和助凝剂投加顺序、原水特性等因素有关。快速剧烈的混合有利于混凝药剂扩散和水中胶体的脱稳。现常用的混合设备有水力隔板混合、水泵混合、机械混合、静态混合器、混合池、混合槽等。常用的混凝剂有聚合氯化铝、硫酸铝、聚合硫酸铁、氯化铁等。

3.1.1.2　沉淀

沉淀主要利用沉淀池，以去除由混凝过程中产生的絮体颗粒。

增大颗粒尺寸或减小颗粒沉降距离均可加速悬浮物的沉淀，前者取决于沉淀前的混凝效果，后者可用较浅的池来缩短沉降距离。

常用的沉淀池可分为平流沉淀池和斜管沉淀池。早先研究的高效率斜板斜管沉淀池，可以增加出水量和提高水质，已在新建水厂和老水厂改造中大量应用。近几年来斜板沉淀有了新的发展，开发出效率更高的同向流斜板、迷宫式斜板、人字形短斜板等新型沉淀池。

3.1.1.3 过滤

在沉淀水过滤时一股采用单层砂滤料，为了提高滤速和增加滤料截污能力，改用无烟煤、砂双层滤料，或用煤、砂、磁铁矿或石榴石三层滤料。也有用较粗的单层均匀滤料，滤层较厚。一些国家通过小型试验来正确选择合适的滤料品种及滤料组配。其决定因素除了进滤池的水质外，还取决于滤池反冲洗系统的形式、滤料供应情况和费用以及滤池运转维护的要求等。

关于滤池的形式，先后开发的有单阀、双阀、无阀、鸭舌阀等滤池，以及虹吸滤池、V 型滤池等多种形式滤池。

3.1.1.4 消毒

目前可用于水厂消毒的消毒剂或消毒方式包括氯、次氯酸钠、二氧化氯、氯胺、臭氧、紫外线等。其中氯和次氯酸钠是最常用的消毒剂。

氯和次氯酸钠消毒具有价廉、便于应用、适用性强等优点，氯消毒的特点是可以保持一定浓度的余氯，能在配水管网中持续杀菌，并提供监测依据。氯的缺点是它能与水中有机物起反应，形成氯代有机物，其中一些能引起不愉快的臭味问题，另一些具有“三致”作用。

二氧化氯和氯胺中一氯胺均是有效杀菌剂，能较好地保护配水管网免受污染。美国对饮用水中氯的浓度限制为 4 mg/L；二氧化氯及其消毒副产物浓度限制为：二氧化氯 0.8 mg/L，亚氯酸盐 2.0 mg/L，氯胺浓度 4 mg/L。

臭氧是一种有效的消毒剂和不形成臭味物质的强氧化剂，而且能破坏原水中存在的许多臭味物质。不足之处是由于它的反应活性，必须在现场用电生产，耗能大，费用高，与氯相比缺少灵活性，且在管网中难以保持，不能持续水毒，为此要在出厂水中加少量氯，保持管网中余氯。美国对臭氧消毒副产物限制为：溴酸盐 0.01 mg/L。

其他消毒措施（如紫外线）由于费用和设备方面问题，只能用于有特殊要求的小型给水系统中。

目前，饮用水常规处理技术还在继续研究和发展之中。从历史观点看，饮用水常规处理工艺已为保护人类饮水安全、促进社会经济的进步与发展发挥了巨大作用。

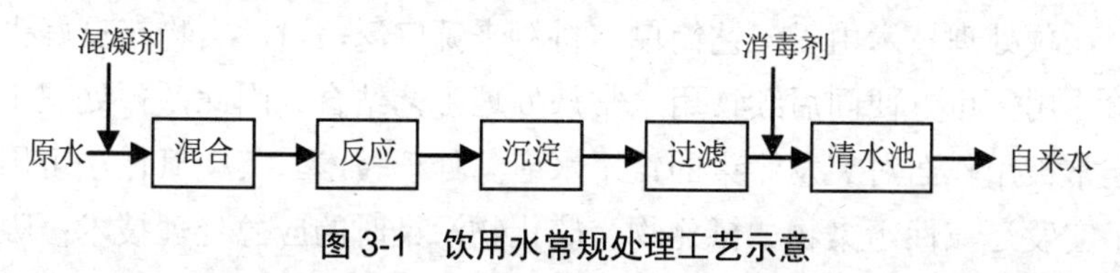

图 3-1 饮用水常规处理工艺示意

3.1.2 预处理工艺

预处理通常是指在常规处理工艺前，采用适当物理、化学和生物的处理方法，对水中的污染物进行初级去除，同时可以使常规处理更好地发挥作用，减轻常规处理和深度处理的负担，发挥水处理工艺整体作用，提高对污染物的去除效果，改善和提高饮用水水质。根据对污染物的去除途径，目前常用的预处理工艺可以分为氧化法和吸附法。

3.1.2.1 氧化法

氧化法可以分为化学氧化法和生物氧化法。化学氧化预处理技术是指依靠氧化剂的氧化能力，分解破坏水中污染物的结构，达到转化成分解污染物的目的。目前采用的氧化剂有氯气（Cl_2）、高锰酸钾（$KMnO_4$）、高级氧化和臭氧等。

生物预处理主要采用生物膜方法，利用生物去除水中的有机物（包括天然有机物和人工合成有机物）、氮（包括氨氮、亚硝酸盐氮和硝酸盐氮）、铁和锰等。常用的形式为淹没式生物滤池。

3.1.2.2 吸附法

吸附法主要通过在水源投加粉末活性炭，利用活性炭的吸附作用吸附去除水中微量有机物。吸附后的活性炭可通过混凝—沉淀—过滤过程去除。

预处理技术由于工艺简单，材料来源广泛，对污染物有良好去除作用，可方便同后续饮用水常规处理工艺结合。因此，预处理工艺常被用作面对突发污染的饮用水应急处理技术。其中氧化法可用于突发还原性污染物如氰化物、硫化物污染时的应急处理技术；吸附法可利用活性炭对微量有机污染物的高效吸附作用，用于突发有机污染时的应急处理。

3.1.3 深度处理工艺

深度处理通常是指在常规处理工艺以后，采用适当的处理方法，将常规处理工艺不能有效去除的污染物或消毒副产物的前体物加以去除，提高和保证饮用水质。应用较广泛的深度处理技术有活性炭吸附、臭氧-活性炭工艺、膜处理技术等。深度处理在国外应用较广，我国尚处于起步阶段，大部分老水厂均未采用深度处理，只是部分新水厂采用了臭氧活性炭深度处理工艺。

深度处理工艺由于所需设备复杂，往往需要单独构筑物，因此，难以在突发污染发生后短期实现。因此，深度处理工艺不常用于水源突发污染的应急处理技术。但由于深度处理可以有效去除水中各类污染物特别是有机污染物，在水源日益恶化下，深度处理可以有效改善出水水质并增强水厂对污染的冲击能力。因此，深度处理工艺作为水处理工艺的重要组成部分，被越来越多水厂采用。

3.2　水厂应急除镉技术

对于水源突发性重金属污染，可以采取化学沉淀法进行应急净化处理，镉的应急处理工艺原理和过程如下。

3.2.1　弱碱性化学沉淀法除镉净水工艺

对于水源突发性镉污染，自来水厂应急处理可以采用弱碱性化学沉淀法工艺。该技术的原理是：根据碳酸镉难溶于水的特性，把水的 pH 值调到大于 8，在此条件下，水中存在的重碳酸根离子会有一部分转化为碳酸根离子，碳酸根离子能够与镉离子生成难溶于水的碳酸镉，从水中沉淀析出。然后再投加铁盐或铝盐混凝剂，利用混凝剂产生的氢氧化铁或氢氧化铝絮体，将细小的碳酸镉颗粒、水中的泥沙等凝聚在一起，形成沉降性很好的较大颗粒，通过沉淀过滤去除。

碳酸镉的溶解沉淀反应式为：

$$Cd^{2+} + CO_3^{2-} = CdCO_3 \downarrow \qquad (3\text{-}1)$$

镉离子的溶解平衡浓度计算式为：

$$[Cd^{2+}] = \frac{K_{sp}}{[CO_3^{2-}]} \qquad (3\text{-}2)$$

式中：K_{sp}——溶度积常数，$CdCO_3$ 的 $K_{sp} = 1.6 \times 10^{-13}$。

图 3-2 和图 3-3 所示是在 2005 年 12 月广东北江镉污染事件时所做的除镉试验结果。图 3-4 和图 3-5 所示是广西龙江河镉污染事件的现场试验结果。由试验结果可见，该技术的关键控制因素是水的 pH 值，只有在弱碱性条件下才能有效除镉，pH 值≥8 有很好去除效果，pH 值≥8.5 可以达标，混凝剂使用铁盐和铝盐混凝剂均可。

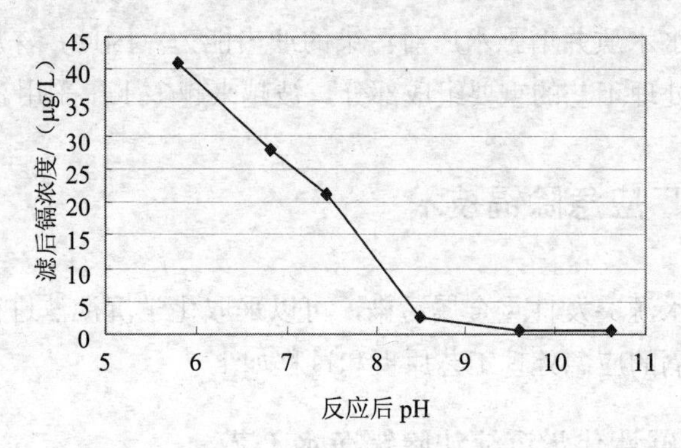

图 3-2　不同 pH 条件下铁盐混凝剂除镉试验（2005.12）

注：原水清华自来水配水，镉浓度 42 μg/L，pH=7.7，三氯化铁投加量（固体商品重）20 mg/L。

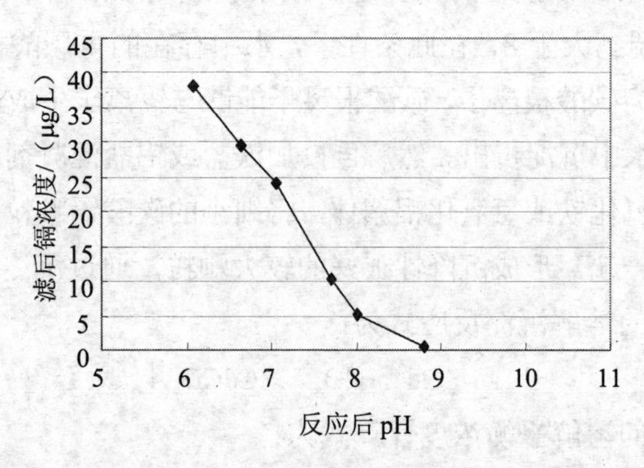

图 3-3　不同 pH 条件下铝盐混凝剂除镉试验（2005.12）

注：原水清华自来水配水，镉浓度 42 μg/L，原水 pH=7.7，聚氯化铝投加量（固体商品重）50 mg/L。

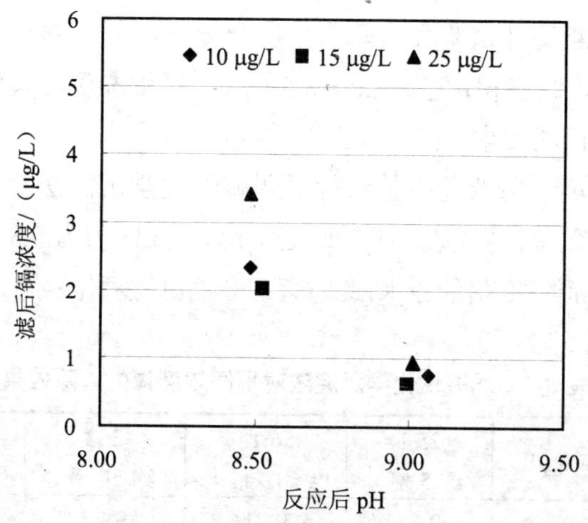

图 3-4　广西龙江河镉污染铁盐除镉试验（2012.2）

注：原水镉浓度分别为 10 μg/L、15 μg/L、25 μg/L，原水 pH=7.83，聚硫酸铁投加量（固体商品重）10 mg/L。

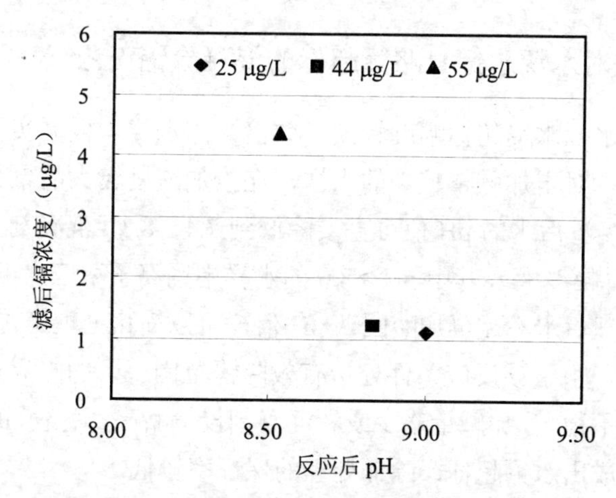

图 3-5　广西龙江河镉污染铝盐除镉试验（2012.2）

注：原水镉浓度分别为 25 μg/L、44 μg/L、55 μg/L，原水 pH=7.80，聚氯化铝投加量（固体商品重）30 mg/L。

根据混凝烧杯试验和实际水厂应急处理经验，对于原水镉超标数倍的情况，调整 pH 值到 8.0～8.5 以上，经混凝沉淀过滤后可以满足出水镉达标的要求。

在水专项应急课题中曾进行了弱碱性化学沉淀法除镉的最大应对能力的试验，结果见表 3-1。如表所示，在 pH 值为 9.3 的条件下，可应对镉超标约 50 倍的原水，此时有部分镉以氢氧化镉形式沉淀去除。

表 3-1 弱碱性化学沉淀法对不同浓度镉的去除效果

初始镉浓度/（μg/L）	25.1（约 5 倍）	56.14（约 10 倍）	262（约 50 倍）	520（约 100 倍）
反应后 pH 值	9.28	9.21	9.25	9.29
滤后镉浓度/（μg/L）	0.28	0.45	3.08	6.51

注：原水 pH=7.80，三氯化铁投加量 10 mg/L（以 Fe 计）。

3.2.2 应对水源水镉只略微超标的混凝除镉工艺

对于水源水镉超标幅度较大（数倍）的水样，根据实验室烧杯试验结果，对于加碱量较少的水样，在投加酸度较大的聚合硫酸铁混凝剂后，沉后水的 pH 值可直接降低到 7.4～8.3（混凝剂投加量大的 pH 下降幅度大），其中 pH＞8.0 的水样中镉离子浓度也可以达标，并且该处理后水不需再加酸回调 pH 值，可以简化处理工艺。

但是，由于该反应条件处于有效除镉范围下限的临界点处，处理效果极不稳定，加碱量略少或者混凝剂投量略高都将使 pH 值过度下降，造成出水镉超标，除镉处理的保证率较低。

对于水源水镉超标不严重、最大超标倍数在 0.5 倍以下的水厂，可以采用只少量加碱不再加酸的混凝除镉工艺，但必须先经过试验验证。例如，在北江镉污染事件中，清远市（位于英德市的下游）自来水厂水源水中镉最大浓度 0.006 7 mg/L，水厂实际运行中在混凝处理前只少量加碱，使滤后水的pH值控制在8.0左右，这样处理后不需加酸回调pH值，滤后水镉浓度在0.001～0.004 mg/L，平均为0.003 mg/L。在佛山市自来水公司的实验室和中试中，也研究了只少量加碱不再加酸的混凝工艺，并采用了高铁助凝剂提高混凝效果，出水镉可以达标。

2006年1月4日，湖南省湘江株洲长沙段发生了类似的镉污染事件。根据广东北江应急除镉净水工艺的经验，湘潭市和长沙市的自来水厂在混凝前投加石灰，以提高除镉效果，有效应对水污染事件，保障当地的饮用水供应。

3.2.3　其他除镉净水工艺

文献中除镉水处理的其他方法有硫化物沉淀法（投加硫化物，生成硫化镉难溶沉淀物，再通过混凝沉淀过滤工艺去除）、改性活性炭吸附法（用浓硝酸对颗粒活性炭进行改性，增加活性炭中的含氧官能团，通过化学吸附作用除镉；普通的活性炭对镉离子的吸附能力有限）、固体吸附法（沸石、磺化煤、壳聚糖、炉渣、黏土等）、离子交换法、反渗透法、溶剂萃取法等。

从水质安全性、技术成熟度、经济性、对环境的影响及工程可行性等因素考虑，推荐在饮用水应急处理中优先采用弱碱性化学沉淀法和硫化物沉淀法。

3.3　自来水厂应急除镉工艺技术要点

根据前文分析结果，饮用水应急除镉技术主要采用沉淀法。在常规处理阶段，镉形成的碳酸镉以及三价铁形成的氢氧化铁沉淀可通过混凝沉淀工艺去除。因此，饮用水应急除镉技术需要与混凝沉淀过滤工艺结合运行。

采用还原沉淀法处理含镉原水工艺流程如图 3-6 所示。

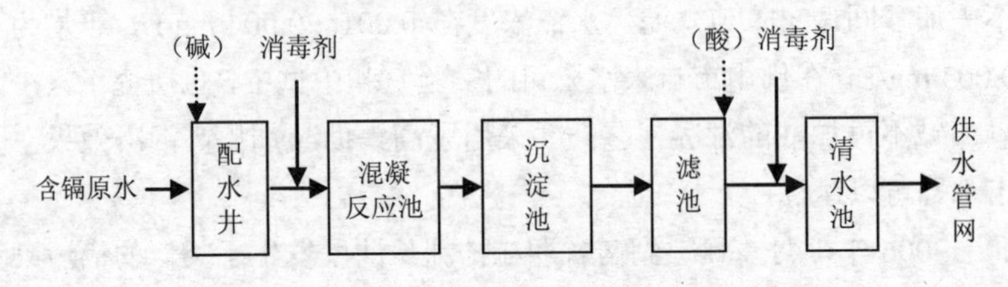

图 3-6　自来水厂除镉净水工艺

该应急除镉的技术要点是必须保证混凝反应处理的弱碱性 pH 值条件。

（1）铝盐除镉净水工艺。

对于铝盐除镉净水工艺，滤后出水要求 pH 值严格控制在 9.0～9.3。如 pH 值小于 9.0，则存在出水镉浓度超标的风险。因为在 pH 值小于 9 的条件下，镉的溶解性较强，去除效率下降。如 pH 值大于 9.5，则存在着铝超标的风险，因为在较高 pH 值条件下，铝的溶解性增加。

（2）铁盐除镉净水工艺。

对于铁盐除镉净水工艺，滤后出水要求 pH 值严格控制在 8.6 以上。如 pH 值小于 8.5，则存在出水镉浓度超标的风险。因为在 pH 值小于 8.5 的条件下，镉的溶解性较强，絮凝沉淀分离效果较差。对于铁盐除镉净水工艺，pH 值的控制上限主要受经济条件所限，pH 值越高则所需加碱及加酸回调的费用也越高。

以上控制条件是在实验室试验的基础上，根据南华水厂实际运行结果得出的，并且已经留有一定的安全余量。在此 pH 值控制条件下，铁盐除镉工艺出水镉离子浓度在 0.001～0.002 mg/L，略高于铝盐工艺。

对于如下常规净水工艺：

水源水→取水泵房→快速混合→絮凝反应池→沉淀池→滤池→清水池→供水泵房→管网

弱碱性混凝除镉工艺所需变动是：

① 在混凝之前加碱，加碱点可设在混凝剂投加处。经试验验证，碱液先投加和与混凝剂同时向水中投加的效果相同，但碱液不得事先与混凝剂混合，以免与混凝药剂产生不利反应。

② 在滤池出水进入清水池前加酸回调 pH 值，加酸点应设在加氯点之前，以免影响消毒效果（碱性条件下，氯化消毒效果降低）。

对于采用预氯化的水厂，采用本除镉工艺是否会降低预氯化效果，应进行试验验证。

为了保障应急除镉工艺的效果，必须做好以下几个方面的控制：

① 控制混凝的弱碱性条件。为了保证沉淀池出水或滤池出水处 pH 值严格控制在预设范围内，必须采用在线 pH 计测量。由于加碱点到控制点的水流时间较长，为了及时控制加碱量，在线 pH 计可以前移到反应池前，直接控制加碱泵加量，再用便携式 pH 计根据沉后水要求确定前设在线 pH 计的控制值。

② 滤后水回调 pH 值。在清水池进水处设置在线 pH 计，在滤池出水管（渠）中设置加酸点，由在线 pH 计控制加酸泵的加量，把进入清水池的 pH 值调整到预设范围。

③ 混凝剂的计量投加。由于混凝剂消耗碱度，特别是酸度较高的聚合硫酸铁，加入混凝剂后 pH 值的下降幅度较大，混凝剂的投加量直接影响到反应后的 pH 值，必须严格控制混凝剂的投加量。在南华水厂的运行中，由于该厂混凝剂为人工经验投加，投加量波动较大，经人工严防死守才保持了投加量的稳定。建议有关水厂的混凝剂投加系统一律改用计量泵设备。

3.4 英德南华水厂应急除镉技术应用案例

3.4.1 事件背景和原水水质情况

2005年12月5日至14日，广东韶关冶炼厂在设备检修期间超标排放含镉废水，造成北江韶关段出现了重金属镉超标现象。15日检测数据表明，北江高桥断面镉超标10倍，污染河段长达90 km，计算得到江中镉含量4.9 t，扣除本底，多排入3.62 t。北江中游的韶关、英德等城市的饮用水安全受到威胁，英德市南华水厂自12月17日已经停止自来水供应。如果污水团顺江下泄，下游广州、佛山等大城市的供水也将受到威胁。广东省政府于12月20日公布了此次污染事件。

在接到当地报告后，原建设部（现住房和城乡建设部）派出了专家组赶赴现场。根据北江镉污染事件特性和沿江城市供水企业生产条件，专家组提出了以碱性条件下混凝沉淀为核心的应急除镉净水工艺，在水源水镉浓度超标的条件下，通过调整水厂内净水工艺，实现处理后的自来水稳定达标，并留有充足安全余量，确保沿江人民的饮用水安全。

该项技术在英德市南华水厂率先实施，在原建设部专家组、广东省建设厅、众多技术支持单位（特别是广州市自来水公司）和南华水泥厂的共同努力下，经过三个阶段的工作，即第一阶段的方案论证与技术改造阶段（实验室试验、水厂加碱加酸设备安装、系统试运行等），第二阶段的水厂设备修复与更新阶段（对水厂失效无阀滤池更换滤料、铁盐计量泵安装），第三阶段的铝盐除镉与铁盐除镉对比运行阶段，南华水厂应急除镉净水工程取得了全面胜利。

在采用碱性化学沉淀应急除镉技术后，在进水镉浓度超标3～4

倍的条件下，处理后出水镉的浓度符合生活饮用水卫生规范的要求，并留有充足的安全余量。应急除镉净水工程完成后，南华水厂对居民供水管网进行了多天的冲洗。广东省卫生厅对南华水厂水质进行了多次分析检测，认为南华水厂水质的各项技术指标均符合国家卫生规范，同意南华水厂恢复供水。广东省政府北江水域镉污染事故应急处理小组决定，从 2006 年 1 月 1 日 23 时起南华水厂恢复向居民供水。

南华水厂应急除镉净水工艺的成功运行，不但使供水范围内的居民不再受停水困扰，而且对其他受影响城市的自来水厂在水源遭受镉污染的情况下保持正常供水具有示范作用，是我国首次成功开展应对突发水源重金属污染事故的城市供水应急处理工作。

3.4.2　应急技术原理和工艺路线

根据镉的特性和现有水厂实施的可能性，经实验室和水厂现场试验结果，确定了以碱性条件下混凝沉淀为核心的应急除镉净水技术路线，即利用碱性条件下镉离子溶解性大幅降低的特性，加碱把源水调成碱性，要求絮凝反应后的 pH 值严格控制在 9.0 左右，在碱性条件下进行混凝、沉淀、过滤的净水处理，以矾花絮体吸附去除水中镉的沉淀物；再在滤池出水处加酸，把 pH 值调回到 7.5～7.8（生活饮用水标准的 pH 值范围为 6.5～8.5），满足生活饮用水的水质要求。

3.4.2.1　pH 值的确定

pH 值是化学沉淀法去除重金属离子的关键因素。调整水的 pH 为碱性后，水中的碱度（中性条件下主要为重碳酸根）中会有部分转化为碳酸根，并与镉离子生成碳酸镉沉淀物。

碳酸根的浓度与 pH 有关，可用碱度组分的理论公式计算：

$$\left[CO_3^{2-}\right]=\frac{K_{a2}}{\left[H^+\right]}\cdot\frac{\left[碱\right]_{总}+\left[H^+\right]-\dfrac{K_w}{\left[H^+\right]}}{1+2\dfrac{K_{a2}}{\left[H^+\right]}} \tag{3-3}$$

式中：[　]——摩尔浓度，mol/L；

K_{a2}——重碳酸根/碳酸根的离解常数，K_{a2}=5.6×10^{-11}（25℃,离子强度 I=0）；

K_w——水的电离常数，K_w=1×10^{-14}。

镉离子的最大溶解浓度用溶度积原理计算：

$$[Cd^{2+}]=\frac{K_{sp}}{[CO_3^{2-}]} \tag{3-4}$$

式中：K_{sp}——$CdCO_3$ 的溶度积常数；

$CdCO_3$ 的 K_{sp}=1.6×10^{-13}（25℃,离子强度 I=0.1 mol/kg）。

如原水碱度为 1 mmol/L（即 60 mg/L，以 CO_3^{2-}计，水源水一般要略高于此值），得出在 pH=9.0 时，碳酸根浓度是 5×10^{-5} mol/L，相应 Cd^{2+}最大溶解浓度为 0.000 36 mg/L，远小于 0.005 mg/L 的饮用水标准。可以此作为弱碱性混凝除镉的工艺控制条件。

注意上述理论计算主要是用于应急处理技术路线的方向判别，与实际情况存在偏差，在应用时必须进行试验验证。例如，根据以上碳酸根和碳酸镉的理论计算公式，Cd^{2+}的最大溶解浓度在 pH=8.0 时为 0.003 2 mg/L；pH=7.8 时为 0.005 1 mg/L。而该水源水的实际情况是当 pH 在 7.7～7.9 时，水源水中 Cd^{2+}的浓度在 0.02～0.03 mg/L，远超出上述 pH=7.8 时的计算值，说明在中性条件碳酸根浓度极低的条件下，碳酸根浓度的理论计算与实际情况有较大偏差，或是碳酸根浓度还受到其他影响（如溶解二氧化碳），也可能是沉淀反应与溶度积公式有一定偏差。

在现场烧杯试验（试验步骤：调 pH 值，混凝，沉淀，滤纸过滤）

中，滤后水 pH≥9.0 的水样镉浓度稳定<0.001 mg/L；滤后水 pH=8.5 的水样有的达标，有的超标，效果不稳定。考虑到水厂实际处理中对悬浮物的去除效率要低于烧杯试验，并且水厂的处理设施简陋，在工程上需要留有一定的安全系数，因此，应急处理中按砂滤出水 pH=9.0 进行控制，在工程上留有充足的安全余量，确保处理出水稳定达标。

3.4.2.2 混凝剂投加量的确定

应急除镉的实验室试验表明，单纯提高混凝剂投加量并不能提高对镉的去除率，但调整 pH 值到碱性条件进行混凝处理可以取得很好的除镉效果。不同混凝剂投加量的除镉效果见表 3-2，对于确定种类的混凝剂，各投加量下的除镉效果基本相同。不同 pH 值条件下的除镉效果见表 3-3 和表 3-4。

表 3-2 不同混凝剂投加量的除镉效果（初始镉浓度 0.042 mg/L，pH=7.7）

	投加量/（mg/L）	10	20	30	40	50
$FeCl_3$	Cd/（mg/L）	0.017 6	0.016 9	0.017 6	0.017 5	0.017 5
	去除率/%	58.1	59.8	58.1	58.3	58.3
聚合氯化铝	Cd/（mg/L）	0.022	0.017 2	0.015 9	0.013 6	
	去除率/%	47.6	59.0	62.1	67.6	
$Al_2(SO_4)_3$	Cd/（mg/L）	0.028 6	0.026 2	0.026 6	0.028 3	0.026 8
	去除率/%	31.9	37.6	36.7	32.6	36.2

表 3-3 $FeCl_3$ 混凝剂在不同 pH 值下的除镉效果（$FeCl_3$ 投加量 20 mg/L）

反应后 pH 值		5.81	6.83	7.44	8.49	9.59	10.61
原水不调浊度，初始镉浓度 0.042 mg/L	Cd/（mg/L）	0.040 9	0.027 9	0.021 3	0.002 7	<0.001	<0.001
	去除率/%	2.6	33.6	49.3	93.6	>97.6	>97.6
原水配浊度 100 NTU，初始镉浓度 0.032 mg/L	Cd/（mg/L）	0.035 6	0.023 8	0.014 5	0.002 2	<0.001	<0.001
	去除率/%	15.2	43.3	65.5	94.8	>96.9	>96.9

表 3-4 聚合氯化铝混凝剂在不同 pH 值下对镉去除的影响

（聚合氯化铝投加量 50 mg/L，初始镉浓度为 0.042 mg/L）

反应后 pH 值	6.08	6.64	7.05	7.71	8.0	8.81
Cd/（mg/L）	0.038	0.029 4	0.024	0.010 3	0.005 3	<0.001
去除率/%	9.5	30.0	42.9	75.5	87.4	>97.6

注：表中混凝剂的投加量，$FeCl_3$ 和 $Al_2(SO_4)_3$ 以分子式计，聚合氯化铝以商品重计。

根据试验结果，在高 pH 值条件下，混凝除镉效果良好：对于含镉 0.042 mg/L 的水样，在铁盐混凝剂 $FeCl_3$ 投加量 20 mg/L(以分子量计)，或聚合氯化铝投加量 50 mg/L(以商品重计)的条件下，pH 值＝7.5 时，去除率约 50%，pH 值＝8.0 时，去除率 80%以上，但出水不达标，含镉 0.005～0.01 mg/L；pH 值＝8.5 时，出水达标，含镉 0.002～0.003 mg/L；pH 值＝9.0，出水镉检不出（低于 0.001 mg/L）。由此确定了采用弱碱性条件混凝沉淀的应急除镉技术路线。

3.4.3 应急工艺参数和运行效果

以下给出南华水厂除镉净水运行参数，供参考。

3.4.3.1 铝盐除镉系统

处理水量：320 m^3/h（7 500 m^3/d 规模）。

加碱：食品级 30% NaOH 碱液，混凝剂投加点前水的 pH 值控制条件为 9.52，允许误差±0.01。

混凝剂：聚合氯化铝，40 mg/L（固体商品重，Al_2O_3 含量不小于 29%）。此为应急时期的高投加量，到后期按 20 mg/L、13 mg/L、10 mg/L 的次序逐步降回正常投量。

加酸：食品级 31%盐酸（建议采用价格更便宜的食品级浓硫酸，因现场急需，当时未购到食品级硫酸），加酸点设在滤池出水处，控制清水池进水 pH 值在 7.5～7.8。

3.4.3.2　铁盐除镉系统

处理水量：320 m^3/h（7 500 m^3/d 规模）。

加碱：与铝盐系统共用，条件相同（食品级 30%NaOH 碱液，混凝剂投加点前水的 pH 值控制条件为 9.52，允许误差±0.01）。

混凝剂：聚合硫酸铁，0.03 ml/L（液体药剂，比重 1.5，铁含量不小于 11%，相当于以 Fe 计 5 mg/L）。

加酸：与铝盐系统共用（食品级 31%盐酸，建议采用浓硫酸，因应急现场未购到食品级硫酸），加酸点设在滤池出水处，控制清水池进水 pH 值在 7.5～7.8。

3.4.3.3　经济数据

工程改造费用：40 万元。包括 2 台在线 pH 计、2 台加碱计量泵（一用一备）、2 台加酸计量泵（一用一备）、1 台便携式 pH 计、1 t 碱液、500 kg 盐酸、70 t 砂滤料和 30 t 滤池垫层卵石（原有无阀滤池的滤料已失效，滤料全部更换）、电器、管材等。

运行药剂成本：

① 铝盐（以紧急除镉高混凝剂投加量计）。

混凝剂+碱+酸＝0.096 +0.027 +0.010 =0.133（元/m^3）

② 铁盐。

混凝剂+碱+酸＝0.045 +0.027 +0.005 =0.077（元/m^3）

南华水厂应急除镉运行的水质监测结果见表 3-5 和表 3-6。由表可见，弱碱性混凝处理对镉有很好的去除效果，对虽未超标的铅、锌、锰、砷等污染物也有较好的去除效果。

表 3-5 广东省卫生防疫部门水质全面分析检测结果中的主要指标

（取样时间：2005 年 12 月 30 日 24 时，所测项目约 40 项，所有检测结果均符合生活饮用水卫生规范的水质要求，下表仅列出相关的主要指标）

检测项目	采样点测定结果				限值
	水源水	铝盐除镉工艺滤后水	铁盐除镉工艺滤后水	出厂水	
镉/（mg/L）	0.019 2	0.000 582	0.001 64	0.001 12	0.005
浊度/NTU	11	＜1	＜1	＜1	≤1NTU，特殊≤3NTU
色度/度	18	＜5	8	＜5	不超过 15 度
pH 值	7.22	7.70	7.74	7.71	6.5～8.5
铝/（mg/L）	0.082	0.057	0.010	0.026	0.2
铁/（mg/L）	0.108	＜0.003	0.234	0.085	0.3
硫酸盐/（mg/L）	19.186	17.712	22.270	20.689	250
氯化物/（mg/L）	8.429	26.865	13.119	18.605	250
溶解性总固体/（mg/L）	64	92	70	134	1 000
耗氧量（以 O 计）/（mg/L）	1.66	1.029	1.19	1.11	3
砷/（mg/L）	0.012 1	0.003 9	0.001 7	0.002 0	0.01
铬（六价）/（mg/L）	＜0.005	＜0.005	＜0.005	＜0.005	0.05
汞/（mg/L）	＜0.001	＜0.001	＜0.001	＜0.001	0.001
硒/（mg/L）	＜0.000 25	＜0.000 25	＜0.000 25	＜0.000 25	0.01
锰/（mg/L）	0.041	＜0.001	0.016	0.008	0.1
铜/（mg/L）	0.006	0.005	0.003	0.005	1.0
锌/（mg/L）	0.263 6	＜0.01	0.015	0.012 5	1.0
铅/（mg/L）	0.006 03	＜0.000 1	0.008 96	＜0.000 1	0.01
余氯/（mg/L）				1.0	30 min 接触时间后不小于 0.3 mg/L

表 3-6　英德市环保局对水中镉浓度的分析检测结果

采样时间	采样点镉浓度测定结果/（mg/L）				备注
	水源水	铝盐除镉工艺滤后水	铁盐除镉工艺滤后水	出厂水	
1 月 1 日 14:30	0.019	0.001 0	0.002 2	0.001 6	铝盐 40 mg/L，铁盐 0.03 ml/L，pH=9.0
1 月 1 日 21:30	0.018	0.000 6	0.001 0	0.001 0	
1 月 2 日 10:50	0.018	0.000 9	0.001 2	0.001 1	
1 月 2 日 19:45	0.017	0.001 0	0.001 3	0.001 1	
1 月 3 日 10:00	0.014	0.000 8	0.001 3	0.001 4	
1 月 3 日 16:10	0.013	＜0.000 5	＜0.000 5	＜0.000 5	
1 月 5 日 12:00	0.010	＜0.000 5	＜0.000 5	＜0.000 5	铝盐投量减至 20 mg/L
1 月 6 日 15:00	0.006 2	＜0.000 5	0.001 0	0.000 6	铝盐投量减至 13 mg/L，加碱量减少
1 月 8 日 9:00	0.004 0	＜0.000 5	0.001 3	0.001 1	铝盐投量减至 10 mg/L，加碱量减少
1 月 14 日	约 0.002			约 0.001	停止加碱应急除镉运行

铝盐工艺出水水质好，沉淀池出水的镉浓度和浊度低，水质清澈，滤池负荷低，但采用了较高的混凝剂投加量（2 倍以上），回调 pH 值加酸量高于铁盐，运行成本高于铁盐。

铁盐工艺出水差于铝盐工艺，原因是运行时水温较低和反应池的反应条件不理想（孔室反应池），造成沉淀出水浊度较高。但该工艺因回调 pH 值加酸量低于铝盐，运行成本较低。建议采用铁盐时使用助凝剂，以提高混凝效果。

3.5 龙江河镉污染事件中自来水厂应急除镉应用案例

3.5.1 事件背景

2012 年 1 月，广西壮族自治区龙江河发生了突发环境事件。1 月 13 日，河池市拉浪水库网箱养鱼发现死鱼，经当日晚紧急监测，发现拉浪水库上下游河段污染严重，其中水体镉含量最高处超标约 80 倍（最高 0.408 mg/L），砷超标数倍（最高 0.31 mg/L），并直接威胁下游居民饮水安全。

经查，本次污染事件由河池市某企业非法排污造成，生产中排出的高浓度含镉废液长期积累后，在短时间内排入龙江河，造成龙江河突发环境事件。经对河中污染水团的测算，排入水中的镉总量约 21 t。由于此次龙江河镉污染事件污染物排放量很大，如仅靠水利调度稀释，事件后果将极为严重，会造成下游柳州市的供水水源镉超标时间超过 1 个，最大超标倍数可达 10 倍以上，并且镉污染的影响范围可能会超出广西，污染到整个西江下游。

1 月 18 日广西壮族自治区启动了突发环境事件二级响应预案，要求做到“四个一切，三个确保”（即动用一切力量、一切措施、一切手段、一切办法进行处置，确保柳州市自来水厂取水口水质达标，确保柳州市供水达标，确保柳州市不停水），确保下游城市与沿河群众的饮水安全。

3.5.2 自来水厂除镉应急处理工艺改造

为确保柳州市自来水的供水安全，对柳州市的自来水厂（河西水厂，30 万 m^3/d；柳东水厂，6 万 m^3/d）进行了应急除镉工艺改造，采用“弱碱性铁盐混凝沉淀法”的应急除镉净水工艺，所进行的改造工作包括：

（1）设立水源水镉浓度快速检测仪（应急检测车）；

（2）在水厂加装液碱（在混凝前投加）和盐酸（在过滤后投加）的药剂投加设备（计量泵和碱罐车、酸罐车）与监测系统（在线 pH 计）；

（3）把水厂原使用的聚氯化铝混凝剂改换为聚硫酸铁，能够同时应对砷等污染物，并避免使用铝盐因 pH 调至弱碱性可能产生的出水铝超标问题；

（4）增加助滤剂，加强过滤效果等。

此外，还从北京紧急调用了一套移动式应急投酸碱药剂投加设备，供柳东水厂使用。在应急除镉工艺改装后，进行了应急处理的技术演练和人员培训。

在采取上述应对措施之前，柳州市取水口镉浓度已接近 0.005 mg/L，水厂对镉的去除效果仅为约 20%。经过河道投药应急处置，大部分镉污染物被削减在龙江河段内，未影响到柳州市的正常取水，柳州市自来水厂取水口镉浓度＜0.005 mg/L。再经过水厂净水工艺的完善，通过改用铁盐混凝剂和加大混凝剂投量，尽管未加碱调整 pH 值，出厂水镉浓度一般已小于检出限（＜0.000 5 mg/L）。

3.5.3　其他重金属的污染问题

此次龙江河突发污染事件为有色金属冶炼烟道灰酸浸液（湿法冶金）的排放，除镉以外，还有多种重金属污染物，包括砷、铊、锑等，属于重金属复合污染。河道弱碱性化学沉淀法处置对于多种金属污染物有一定的处理效果，但对砷、铊、锑等金属污染物的去除效果不佳，尚不能满足水质要求。监测数据显示，柳州市自来水厂的水源水中砷、铊、锑等金属污染物在个别时段仍有超标，特别是在事件后期，虽然龙江河出水镉浓度已大幅下降，但因融江上游水库存水已基本放空，融江的稀释水量被迫减少，造成柳州市自来水厂取水口处虽然镉不超标，但存在砷、锑和铊少量超标问题。通过在自来水厂采取针对性的应急处理，才实现了柳州市自来水出厂水的全面达标。

3.5.3.1 砷

砷是一种公认的有毒致癌物质。砷的水质标准是:《地表水环境质量标准》（三类水体）0.05 mg/L，《生活饮用水卫生标准》（GB 5749 —2006）0.01 mg/L。砷的饮用水标准比地表水标准更为严格，因此，可能出现水源水未超过地表水标准、而出厂水已经超过饮用水标准的情况。本次事件中，在采取针对性措施前柳州自来水厂取水口处和出厂水曾接近 0.01 mg/L。

自来水厂应急除砷的工艺是预氧化铁盐混凝沉淀法。其除砷原理是通过氢氧化铁矾花对五价砷（砷酸氢根）的吸附作用来除砷，如果原水中的砷是三价砷（亚砷酸），还需增加预氯化先把三价砷氧化成五价砷。自来水厂应急除砷技术已在 2008 年贵州都柳江砷污染事件中在三都县自来水厂得到成功应用[3]，可以应对水源超标数倍（按饮用水标准超标几十倍）的砷污染水源水。在本次事件中，改用铁盐混凝剂和加大混凝剂投量后，柳州市河西水厂出厂水的砷＜0.01 mg/L，满足饮用水标准要求。

3.5.3.2 铊

铊属于高毒类物质，对人的致死剂量为 8～12 mg/kg，绝对致死剂量 14 mg/kg，有致突变性、生殖毒性、胚胎毒性和致畸性。长期低剂量摄入可导致慢性铊中毒，其症状为中枢和植物神经系统功能紊乱、心脏功能和肝功能改变、脱发等。我国《生活饮用水卫生标准》（GB 5749—2006）和《地表水环境质量标准》（GB 3838—2002）对铊的限值均为 0.000 1 mg/L。铊在水环境中的主要存在形式是一价铊离子（Tl^{+}）。自来水厂常规处理工艺对铊基本上没有去除效果。

自来水厂应急除铊的工艺是预氧化混凝沉淀法。其除铊原理是先用氧化剂把一价铊氧化成三价铊，三价铊再生成难溶于水的氢氧化铊沉淀物[$Tl(OH)_3$]，通过混凝沉淀过滤去除。氧化剂可以采用高锰酸钾、氯、二氧化氯等，其中弱碱性高锰酸钾法的除铊效果最好，其原理是在碱性条件下新生态 MnO_2 对铊的吸附作用强，并且在较高 pH 条件下 Tl^{3+}的溶解平衡浓度更小。自来水厂应急除铊技术已在 2010 年广东北江铊污染事件中在清远、佛山、广州等市的多个自来水厂得到成功应用，可以应对水源超标数倍的铊污染水源水。在本次事件的后期，水源水中铊略有超标，约 0.5 倍，在加强预氯化和高锰酸钾预氧化后，柳州市河西水厂出厂水的铊<0.000 1 mg/L，满足饮用水标准要求。

3.5.3.3　锑

长期低剂量摄入锑可引起慢性锑中毒，造成寿命减少、胆固醇增加、血糖降低等问题。有的锑化合物（三氧化锑，属三价锑）可能对人体致癌（2A 组）。我国《生活饮用水卫生标准》（GB 5749—2006）和《地表水环境质量标准》（GB 3838—2002）对锑的限值均为 0.005 mg/L。在含溶解氧的地表水中锑主要以五价锑的锑酸根形式[$Sb(OH)_6^-$]存在。自来水厂常规处理工艺对锑基本上没有去除效果。

自来水厂应急除锑的工艺是弱酸性铁盐混凝沉淀法。除锑技术的原理是在弱酸性条件下，利用表面带有高密度正电荷的氢氧化铁胶体对带负电的锑酸根进行电性吸附，通过混凝沉淀过滤去除水中的锑。除锑烧杯试验数据见图 3-7 和图 3-8。自来水厂应急除锑技术已在2011年湖南广东武江锑污染事件中在韶关自来水厂得到成功应用，可以应对水源超标数倍的锑污染水源水。在本次事件的后期，柳州市自来水厂水源水中锑超标 1 倍多。经过现场烧杯试验和水厂不同条件的对比运行（见表 3-7），确定了采用弱酸性铁盐混凝沉淀法，在应急除镉工艺已加装设备的基础上，仅把碱槽罐车和酸槽罐车的前后位置颠倒，即实现了弱酸性铁盐混凝沉淀法除锑运行。柳州市河西水厂的运行情况是：规模 30 万 m^3/d，满负荷，从 2 月 21 日—3 月中按除锑工艺运行，聚合硫酸铁投加量 50 mg/L，加酸调节混凝沉淀后的 pH 值 6.0～6.5，过滤后再加碱回调 pH 值到 7 以上，出厂水锑浓度约为 0.003 mg/L，水质全面达标。

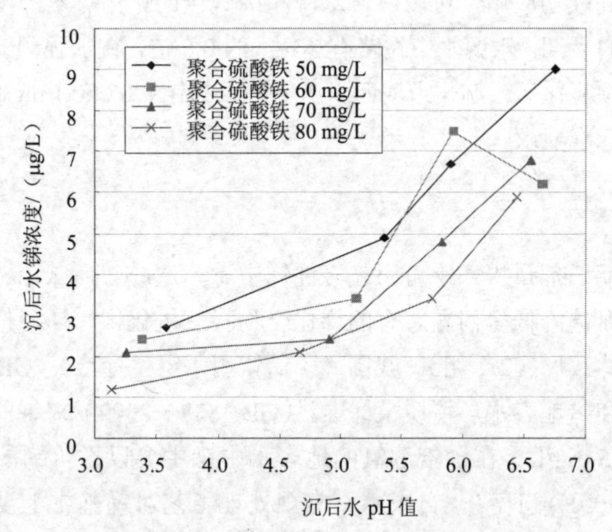

图 3-7　广东武江锑污染河水的除锑试验

注：试验原水为 2011 年 7 月 2 日武江湖南广东省界断面处河水，锑浓度 27.6 μg/L，pH 值 7.8，浊度 24 NTU。根据水专项成果确定工艺，试验由广州自来水公司和韶关自来水公司人员进行，数据图由作者整理。

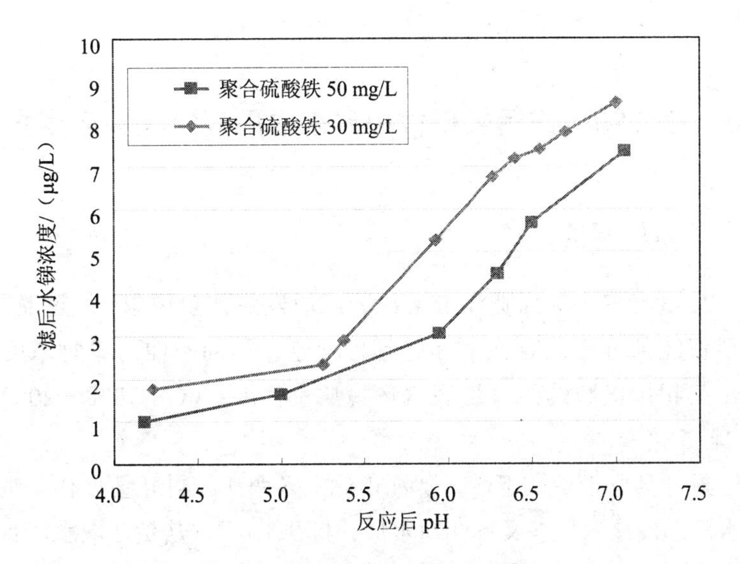

图 3-8　广西柳江锑污染河水的除锑试验

注：试验原水 2012 年 2 月 19 日广西柳州市河西水厂取水口河水，锑浓度 11.12 μg/L，pH 值 7.86。

表 3-7　柳州市河西水厂除锑工艺条件对比运数据（2012 年 2 月 21 日）

	水量/（m^3/h）	原水锑浓度/（mg/L）	原水 pH	聚合硫酸铁/（mg/L）	反应后 pH	回调 pH7 的加酸点	滤后水锑浓度/（mg/L）
一号沉淀池	1 700	0.010	7.8	20	5.5	沉后	0.004
二号沉淀池	1 700			50	6.0～6.5	滤后	0.003

3.5.4　水厂应急处置效果

经过处理后，保证了柳州正常供水，在应急期间未曾停水，保证社会稳定，为维护经济社会发展作出了贡献。

3.6 贺江镉、铊污染事件中自来水厂应急除镉应用案例

3.6.1 事件背景

2013 年 7 月，因贺江上游部分江段发生死鱼现象，经过监测，发现贺江部分江段存在镉和铊超标问题，不同断面污染物浓度不同，其超标倍数约为《地表水环境质量标准》（GB 3838—2002）的 1～5 倍。

封开县位于贺江下游，贺江由此汇入西江。封开县只有一座自来水厂即河南水厂（又称江口水厂、封开水厂），从贺江取水，实际供水量 1.5 万 t/d，采用常规的混凝—沉淀—过滤—消毒处理工艺。鉴于上游发生镉、铊污染事件，常规处理工艺对镉和铊两种金属的去除效果有限，难以保证出水满足《生活饮用水卫生标准》（GB 5749 —2006）的要求，亟需对水厂处理工艺进行升级改造，确保供水安全。

针对封开县水源微量镉和铊污染问题，笔者受环保部环境应急与事故调查中心委托，在现有水厂处理工艺基础上，进行工艺改造技术方案研究，确保饮用水安全。

镉可以在弱碱性条件下生成碳酸镉沉淀，并经混凝—沉淀—过滤过程去除，因此，仅需调节原水 pH 至弱碱性并经强化混凝，就可以去除，易于处理。

铊可以通过预氧化转化为三价铊并生成氢氧化铊沉淀，经混凝去除。常用弱碱性条件下高锰酸钾氧化预处理除铊，通过氧化、吸附和沉淀作用，将铊从水中分离。但由于铊不易氧化且标准浓度限值很低，较难处置。因此，需要根据原水水质进一步研究铊的处理

技术，优化工艺参数。

针对镉和铊的性质，试验采用调节 pH 至弱碱性，采用高锰酸钾和次氯酸钠预氧化并经混凝—沉淀—过滤常规处理工艺除镉和铊。鉴于镉和铊处理工艺的差异，在调节 pH 至弱碱性的基础上，重点研究铊的去除工艺。

3.6.2　处置过程

根据以往应对经验，镉可在碱性化沉过程中沉淀去除，因此此次污染主要应对铊的危害。

通过前期研究，可以得到如下结论：

① 在相同相对氧化剂投加量下，$KMnO_4$、NaClO 对铊有去除作用，ClO_2 和单过硫酸氢钾的氧化能力相对较弱，预氧化后对铊去除效果有限。高锰酸钾预氧化对铊具有较好去除效果，可能的原因是在中性及弱碱性条件下开展混凝过程，高锰酸钾氧化产物为二氧化锰颗粒物，其可与氧化析出的 $Tl(OH)_3$ 共沉淀，进而在混凝沉淀过滤过程中去除。

② 随着 pH 的升高，高锰酸钾预处理对铊去除效果逐步提升；延长反应时间可以提高氧化阶段以及整个处理过程中高锰酸钾对铊的去除率；随着高锰酸钾投加量的增加，高锰酸钾预氧化工艺对铊的去除效果也逐步递增，但趋缓。

③ 在不同次氯酸钠投加量下，经混凝—沉淀—过滤后对铊的去除率随着氧化剂投加量的增加，去除效果有所提高。次氯酸钠预氧化除铊效果有限，因此，延长预氯化时间不能改善对原水铊的去除率。

根据上述试验研究结果，通过提高高锰酸钾浓度和延长高锰酸钾预处理时间，可以有效提高处理工艺对铊的去除效果。但受限于水源和水厂条件，不能够大量提高预处理高锰酸钾的浓度，且不具备预处理条件。因此，只能够采用调节 pH 值，并同时投加混凝剂和氧化剂的方式除铊。

为了取得较好的效果，同时受限于高锰酸钾的投加浓度限值，试验采用同时投加高锰酸钾和次氯酸钠预氧化，研究工艺对铊的去除效果。

试验用水：南丰水厂水源水（7 月 8 日晚 8 点）。原水铊 0.21 μg/L，镉 1.1 μg/L。所得结果如表 3-8 所示。

表 3-8 不同组序处理工艺出水

编号	1	1-1	2	3	4	5	6
pH	9	9	9	9	9	9	9.5
$KMnO_4$	1	1	1	1	0.5	0.5	0.5
NaClO	1.5	1.5	1.5	1.5	1.5	2	2
预处理时间/min	0	0	15	30	30	30	15
$Na_2S_2O_3$/（mg/L）		沉淀后	预处理后				
出水 pH	8.01	8.01	8.04	8.12	8.04	8.09	8.78
Tl/（μg/L）	0.06	0.06	0.06	0.07	0.08	0.07	0.07
Cd/（μg/L）	0.05	0.03	0.06	0.06	0.07	0.08	0.03

由表 3-8 可知，经过处理后出水铊与镉都满足标准要求。可以作为水厂预处理工艺。

① 由组序 4 可知：在处理出水 pH 为 8.09、高锰酸钾预处理浓度 0.5 mg/L，预氯化浓度 1.5 mg/L、预处理时间 30 min 条件下，处理出水铊和镉都满足标准要求。

② 对比组序 1、2、3 结果可知：在高锰酸钾和预氯化浓度足够高，且其他条件相同情况下，延长预处理时间并没有有效改善对铊的处理效果。

③ 对比组序 4、5 结果可知：在相同条件，提高预处理氯的投加量，可以略微提高处理出水效果。

根据上述试验结果，需进一步研究低初始 pH 条件下，低高锰酸钾投加浓度，无预处理时间条件下，不同预氯化浓度对处理出水的影响。

3.6.3　处置效果

试验用水：南丰水厂水源水（7 月 8 日晚 8 点）。原水铊 0.21 μg/L，镉 1.1 μg/L。所得结果如表 3-9 所示。

表 3-9　工艺参数优化

编号	1	2	3	4	5	6
pH	8.5	8.5	8.5	8.5	9	9
$KMnO_4$	0.5	0.5	0.5	0.5	0.5	0.5
NaClO	1	1.5	2	3	1	2
PACl（固体）/（mg/L）	7.5	7.5	7.5	7.5	7.5	7.5
出水 pH	8.03	8.21	8.21	8.18	8.80	8.82
Tl/（μg/L）	0.13	0.11	0.10	0.09	0.10	0.08
Cd/（μg/L）	0.05	0.07	0.07	0.08	0.03	0.03

根据上述结果，推荐处理工艺为：原水条件 pH 值 8.5，高锰酸钾预氧化浓度 0.5 mg/L，预氯化浓度 2 mg/L（以有效氯计）。其中进水调节 pH 值至弱碱性，高锰酸钾和次氯酸钠同时投加，采用铝盐混凝剂，控制处理出水 pH 值在 8.0 附近，防止铝超标，可以应对原水超标 1 倍的水源铊污染。

根据水厂情况，在有条件下，增加高锰酸钾预处理时间，改用铁盐混凝剂可以提高处理效果，保障供水安全。

第四章

河流突发镉污染事件风险防范措施和应用案例

4.1 河流突发镉污染的污染源防控

镉在工业上的应用历史不长，发展很慢。1817 年发现镉后，首先是以硫化镉形式作为黄色颜料使用。20 世纪初，镉作为合金出现在市场上。第一次世界大战期间，人们开始使用镉镀钢。随后，镍-镉电池组问世。目前，镉主要应用于冶金、能源、化学工业中。

在使用镉的主要工业中，电镀车间、颜料工厂、合金和电池的生产厂是镉的主要污染源。

表 4-1 镉产品生产和处理过程中镉的排放量（1968 年美国） 单位：t/a

	采矿选矿	镉的冶炼	电镀、颜料和塑料配方	使用和处理过程中的损失			
				煤和石油燃烧	镀镉的金属	颜料、塑料和其他	合金和电池
空气污染		955		120	500	90	40
水体污染	3 000	240	300				
土壤污染						140（磷肥）	
蓄积设备中					1 420	2 080	380
土地处理（垃圾场、尾矿等）	300	310		360	500	490	220

自然界中没有单独的镉矿床，它经常以硫化镉的形式存在于多金属矿石中，常与铅锌矿伴生。由于镉及其化合物均容易挥发，在锌精矿高温冶炼时，镉便挥发在烟尘中富积。而在湿法炼锌过程中，浸出时，锌精矿中的镉则与锌一道被溶解，以硫酸盐形式进入浸出液中，并以铜镉渣的半产品富集起来。所以提取镉的原料并不是单独的镉矿石，主要是有色冶金工厂的含镉半产品：铜镉渣、焙烧与熔炼车间所产生的烟尘、锌蒸馏蓝粉等。

镉的冶炼方法有三种：火法、湿法、联合法[30]。

（1）镉的火法冶炼。

火法冶炼是基于镉与锌的沸点不同，这种方法常用来处理锌蒸馏所产生的蓝粉。因为镉较锌沸点更低，所以在锌蒸馏时镉便富集在初期的蓝粉中。将这种蓝粉在单独的蒸馏设备中重复进行几次蒸馏，最后即可在冷凝器中收集金属镉的液体。若再将此金属镉进行精炼即可得到纯镉。

由于火法蒸馏过程中镉损失很大（达 60%～65%），所以现在很少采用火法冶炼镉。

（2）镉的湿法冶炼。

这是一种最常用的生产镉的方法，镉的湿法冶炼过程主要包括以下过程：① 镉氧化变为易于溶解的氧化物；② 硫酸溶液浸出；③ 溶液的净化和置换沉淀海绵镉；④ 纯化。

（3）联合法制镉。

联合法的实质是火法与湿法作业提取镉的综合过程。现在这一方法用来处理铅锌火法熔炼所收集的烟尘，以提取其中所含的镉。

联合法一般包括以下作业步骤：湿法富集或火法湿法富积贫镉物料以便制取海绵镉；海绵镉与焦炭屑和石灰制团，经火法蒸馏获得粗镉；粗镉的重熔和精炼。

4.2 含镉废水处理技术基本原理

目前有多种技术可用于各类含镉废水的处理，并且得到示范应用。但每种技术都有自己的局限性，有各自的应用前提和范围。因此，没有一种技术可以普遍应对各类含镉废水的处理。所以当发生镉污染时，需要根据镉的化学性质，结合含镉污染介质特点、环境条件选择适当的处理、处置技术。

4.2.1 化学沉淀法

化学沉淀法是指向废水中投加化学药剂，与废水中的污染物发生化学反应，形成难溶固体沉淀物，进而采用固液分离去除水中污染物的一种处理方法。

化学沉淀法的工艺过程通常包括：① 投加化学沉淀剂，与水中污染物反应，生成难溶的沉淀物，析出；② 通过沉降、凝聚、气浮、过滤、离心等方法进行固液分离；③ 污泥处理或回收再利用。

常见的化学沉淀法包括碱性化学沉淀法、硫化物沉淀法和其他化学沉淀法，不同化学沉淀法适用的去除对象如下：

① 碱性化学沉淀法。

该方法的原理是：利用在碱性条件下，许多金属离子可以生成难溶于水的氢氧化物或碳酸盐沉淀物的特性，在水厂混凝处理前，加碱把水的 pH 值调到弱碱性，使水中溶解性的金属离子生成难溶于水的细小颗粒物沉淀析出，并附着在矾花上，在混凝沉淀过滤中被去除，处理后的水再加酸回调 pH 值到中性。该方法可以去除的金属污染物有镉、铅、镍、银、铍、汞、铜、锌、钒、钛、钴等。

② 硫化物沉淀法。

一些金属的硫化物比氢氧化物更难溶于水，对于这些污染物可以采用硫化物沉淀法。该方法可以去除的金属污染物有汞、镉、铅、银、镍、铜、锌等。

③ 其他化学沉淀法。

对于银、钡等可以生成特殊沉淀物的金属离子应采用对应污染物的化学沉淀法，如氯化银沉淀、硫酸钡沉淀。对于一些溶于水的金属离子，先通过氧化或还原反应改变其价态，生成难溶于水的沉淀物，再通过混凝沉淀过滤去除，这类金属主要包括砷、铊、锰（二价）、铬（六价）等。有的金属离子则需要采用弱酸性铁盐化学沉淀法等其他化学沉淀法去除，如锑、钼、硒、钒等。

利用碱性化学沉淀法、硫化物沉淀法以及其他化学沉淀法，可以应对《地表水环境质量标准》中涉及的主要重金属污染物。采用化学沉淀法，处理工艺简单，处理效果好，反应时间快，因此，常被作为突发污染的应急处置技术。

化学沉淀法基本原理：

① 溶度积。

化学沉淀法除镉的基本原理是沉淀物的溶解平衡。根据溶解平衡原理，可通过改变溶液中某种离子的浓度大小，使溶液的浓度积达到平衡浓度积常数。这时，如果继续投加该种离子，即可使另一种离子以沉淀物形式析出。

溶度积是用来描述一种沉淀物溶解平衡的平衡常数。对于沉淀 A_zB_y 的溶解平衡，如下式所示：

$$A_zB_y(s) \rightleftharpoons zA^{y+} + yB^{z-} \tag{4-1}$$

溶度积 K_{sp} 如下式所示：

$$K_{sp}=[A^{y+}]^z[B^{z-}]^y \tag{4-2}$$

由于一般情况下，化学沉淀法主要针对低浓度条件下的难溶化合物，上式中假设溶液中各组分的活度系数均为 1，各组分直接用摩尔浓度计算（用[ ]表示）。

利用溶度积计算式可以从理论上对溶液是否产生沉淀进行计算：当$[A^{y+}]^z[B^{z-}]^y < K_{sp}$时，不会产生沉淀；当$[A^{y+}]^z[B^{z-}]^y = K_{sp}$时，溶液处于平衡状态；当$[A^{y+}]^z[B^{z-}]^y > K_{sp}$时，将产生沉淀，沉淀后溶液中的$[A^{y+}]^z[B^{z-}]^y$将恢复到$K_{sp}$。

溶解度是某种化合物在单位体积溶液中能够溶解的量，是一个固定值，可以通过化学手册查阅。而根据溶度积原理，水中难溶化合物中的某种离子（例如 $CdCO_3$ 中 Cd^{2+}）的浓度，可以通过投加与之可以形成难溶沉淀物的另一种离子（如 CO_3^{2-}）来沉淀去除，是一个平衡状态。

② 化学沉淀。

由于在水体中镉主要以离子态形式存在，镉相关化合物的溶度积常数如表 4-2 所示。

表 4-2 镉相关化合物的溶度积常数[4]

化合物	K_{sp}	pK_{sp}
$CdCO_3$	5.2×10^{-12}	11.28
$Cd(OH)_2$（新鲜）	2.5×10^{-14}	13.60
CdS	8.0×10^{-27}	26.10
$Cd_3(PO_4)_2$	2.5×10^{-33}	32.6
$CdWO_4$	2×10^{-6}	5.7
$CdC_2O_4\cdot3H_2O$	9.1×10^{-8}	7.04
$Cd_2[Fe(CN)_6]$	3.2×10^{-17}	16.49
$Cd(CN)_2$	1.0×10^{-8}	8.00
$Cd(BO_2)_2$	2.3×10^{-9}	8.62
$[Cd(NH_3)_6](BF_4)_2$	2×10^{-6}	5.7
$Cd_3(AsO_4)_2$	2.2×10^{-33}	32.66
CdL_2	5.4×10^{-9}	8.27

适用于镉化学沉淀处理去除的主要包括氢氧化物沉淀法、硫化物沉淀法和碳酸盐沉淀法。

氢氧化物沉淀法、硫化物沉淀法和碳酸盐沉淀法除镉的相关技术原理如第二章所述。

4.2.2　其他处理技术

4.2.2.1　离子交换法

离子交换法既可以净化废水，又可回收利用废水中的有害成分。一般采用阳离子交换树脂除镉。反应式为：

$$2RH+Cd^{2+} \rightleftharpoons 2RCd+2H^+ \quad (4\text{-}3)$$

当 H 型树脂饱和失效时，可用一定浓度的 HCl（一般用 4%～6%HCl，用量为 2～3 倍树脂体积）对树脂再生，恢复交换能力，同时可以回收再生液中的镉。反应式如下：

$$2RCd+2H^+ \rightleftharpoons 2RH+Cd^{2+}$$

离子交换法常用于处理氰化镀镉废水。镀镉母液的各种成分配比为：CdO，30～40 g/L；NaCN，100～120 g/L；NaOH，15～20 g/L；$NiSO_4$，1 g/L；磺化蓖麻油，8～12 g/L。在此条件下，Cd^{2+}和 CN^-结合，形成镉氰络合物，主要以 $Cd(CN)_4^{2-}$状态存在。而其漂洗水中的镉和氰也是以镉氰络合物的形式存在。但 $Cd(CN)_4^{2-}$只有在 pH＞11 时才稳定，在 pH 为 8～11 时，除了含有 $Cd(CN)_4^{2-}$外，还有 $Cd(CN)_3^-$。因此，可以通过阴离子交换树脂进行处理。

由于含氰含镉废水中需要去除的有毒物质（CN^-、Cd^{2+}）均以阴离子形式存在，因此选用阴离子交换树脂，而弱碱性阴离子交换树脂虽然交换容量大、容易再生，但它对溶液的 pH 值要求比较严格，一般不超过 9，这对碱性处理液是不够理想的。强碱性阴离子交换树脂对 pH 适用范围广，对金属络合阴离子同样有很高的交换容量。因此，常选用强碱性阴离子交换树脂除镉。

4.2.2.2 电解法

电解是指电解质溶液在直流电流作用下，在两电极上分别产生氧化反应和还原反应。电解处理废水就是直接或间接地利用电解作用，把水中污染物去除，或把有毒物质变成无毒或低毒物质。电解法除镉主要包括直接电解法和间接电解法。

直接电解法是把废水直接引入电解槽中，投加适量的食盐和苛性碱，在碱性介质中通直流电进行电解。低浓度氰化镀镉废水，在碱性条件下，直接电解法对氰化物的氧化分解，主要反应是氯的作用。其化学反应基本与碱式氯化法一样。即利用生成的氯氧化氰酸根离子，镉氰络合物离子随着游离氰离子被氧化而减少并不断离解，析出的镉离子与氢氧根生成不溶性的氢氧化镉，并进一步用压滤器加以分离，使出水达到排放标准。

直接电解法处理低浓度的氰化镀镉废水，食盐浓度低，在稀溶液中，氯的析出需要在阳极有较高的电极电位，因此，在稀溶液中易于导致副反应，因此，存在电流效率低、耗电高等问题。

间接电解法处理氰化镀镉废水工艺，是用无隔膜电解槽电解食盐溶液，使阳极析出氯与阴极产生的碱相互作用，生成一定浓度的次氯酸钠溶液，接着溶液与废水混合，废水中镉氰络合离子的氰根迅速被氧化分解，游离出镉离子，随后在碱性条件下，生成不溶于水的氢氧化镉，用聚氯乙烯塑料微孔管压滤器分离，出水达到排放标准，镉渣进一步回收处理。

由于间接电解法电解食盐溶液的含镉浓度比直接电解废水时高，因而可提高电流效率，减少电耗。

4.2.2.3　反渗透法

反渗透是一种以压力差为推动力，从溶液中分离出溶剂的膜分离操作。对膜一侧的溶液施加压力，当压力超过它的渗透压时，溶剂会逆着自然渗透的方向反向渗透。从而在膜的低压侧得到透过的溶剂，即渗透液；高压侧得到浓缩的溶液，即浓缩液。反渗透法常用于分离、提取、纯化和浓缩。因此，反渗透是一种无选择性的废水净化方法，可以用于分离和浓缩一切金属废水。

反渗透膜主要包括醋酸纤维素膜、芳香族聚酰胺膜、聚苯并咪唑膜等。常用的反渗透装置包括板框式反渗透装置、管式反渗透装置、蝶旋卷式反渗透装置、中空纤维式反渗透装置等。在采用反渗透处理工艺时，一般包括预处理工艺、膜分离工艺和后处理工艺。

反渗透法主要用于处理难以用常规化学方法处理的含镉废水，如酸性硫酸镉废水、氨羧络合型镀镉废水、氰化镀镉废水等。采用反渗透处理后会形成纯水和浓缩水，浓缩水中含有更高浓度的镉，因此可以回收使用并妥善处置。

4.2.2.4　吸附法

吸附是一种表面现象，所以和表面张力、表面能的变化有关，在吸附剂颗粒中，固体界面上的分子受力不均匀，因此，产生表面张力，具有表面能。当吸附溶质到其界面后，界面上的受力就要均衡些，导致表面张力的减小。根据吸附力的不同，吸附可以分为三种：物理吸附，吸附力主要为范德华力；化学吸附，吸附力主要是化学键力；离子交换吸附，吸附力主要是静电引力[34]。

在水处理中，物理吸附主要存在于非极性吸附剂从极性溶液中吸附非极性物质，如活性炭从水溶液中吸附有机物。采用吸附法去除溶液中的金属离子，主要利用化学吸附或离子交换，即通过形成化学键或离子交换的形式，将金属离子从水溶液中分离去除。

用于镉去除的吸附剂主要包括一些常用吸附剂（如麦饭石、硅藻土、茶叶等），其中活性炭也可以用于含镉废水的处理，主要利用活性炭表面的官能团对镉吸附去除[35-39]。各类吸附剂对镉的吸附容量较小，且成本较高，目前应用较少。

4.2.2.5 浮选法

用浮选法把离子从溶液中分离出来的技术大约有几十年历史。所谓离子浮选有两个概念，一种是加入与欲浮选出的离子电性相反的表面活性剂（捕获剂）到溶液中去，起泡后，表面活性剂与该离子发生反应，形成不溶于水的化合物附着在气泡上，浮在水面形成固体浮渣，然后将固体浮渣和泡沫一起捕获进行分离；另一种是添加能和废水中被处理的离子形成配合物或螯合物的表面活性剂，使溶液气泡形成泡沫，被处理的元素富集于泡沫中再进行分离。该方法的特点是可以从低浓度污染物的废水中有选择地回收各种无机金属离子。浮选法具有处理速度快、占地面积小及产生的污泥量小等特点。近年来，沉淀浮选法用于处理重金属废水被认为是一种较有前途的方法[40]。

常用于含镉废水处理的浮选剂主要包括不溶性淀粉黄原酸酯（ISX）、不溶性木屑黄原酸酯以及其他螯合剂等。

$$\begin{aligned}&(\mathrm{Starch}-\mathrm{O}-\mathrm{C(S)}-\mathrm{S}^-)_2\mathrm{Mg}+\mathrm{Cd}^{2+}\rightarrow\\&(\mathrm{Starch}-\mathrm{O}-\mathrm{C(S)}-\mathrm{S}^-)_2\mathrm{Cd}\downarrow+\mathrm{Mg}^{2+}\end{aligned}\tag{4-4}$$

4.2.2.6 电渗析法

电渗析器中胶体排列着许多阳膜和阴膜，分隔成小水室。但原水进入这些小室时，在直流电场的作用下，溶液中的离子就定向迁移。由于阳膜只允许阳离子通过而把阴离子截留下来，阴膜只允许阴离子通过而把阳离子截留下来。结果这些小室的一部分变成含离子很少的淡水室，出水称为淡水。而与淡水室相邻的另一部分小室则变成聚集大量离子的浓水室，出水称为浓水，从而使离子得到分离和浓缩。

采用电渗析法处理含镉废水时，阴阳离子在外加电场作用下，向二极作定向迁移，阴离子移向阳极，阳离子移向阴极。但当溶液中的镉有交替排列的阴阳离子交换膜后，它本身具有选择性透过性，在电解质溶液中，阳膜中的活性基团发生电离，阳离子扩散入水中，使阳膜中形成强烈的负电场，溶液中的阴离子就受到排斥，而阳离子就受吸引且通过。相反，阴膜则允许电解质溶液中的阴离子通过，而阻挡阳离子。因此，可以通过浓缩和淡化溶液达到处理废水、回收有用物质的目的。

4.2.2.7　萃取法

废水的萃取处理法主要利用分配原理，用一种与水不互溶而对废水中某种污染物的溶解度大的有机溶剂从废水中分离出去该污染物的方法。萃取工艺主要包括三个过程：混合——将萃取剂与废水进行充分接触，使溶质从废水中转移到萃取剂中；分离——使萃取相与萃余相分离；回收——从两相中回收萃取剂和溶质。溶剂萃取法具有高选择性及分离效率，可实现对被萃取物的回收，并易实现连续操作，因此受到了人们的重视。

含镉废水处理过程中，一般酸性阳离子萃取剂不能够萃取镉，季铵盐和 *N*,*N*-二（1-甲基庚基）乙酰胺（简称 N_{503}）萃取镉的效果都不错。但季铵盐是固体，使用不方便，而且分层不好。N_{503} 萃取镉后分层快，且各相都很清晰，具有良好的操作性能，因此，一般选用 N_{503}-煤油体系作为萃取剂来萃取镉。

4.3 不同工业含镉废水处理技术应用案例

4.3.1 无氰镀镉废水处理

（1）废水特性。

电镀镉工艺依其是否采用氰化物作为主要络合剂，可分为有氰镀镉和无氰镀镉。后者又可分为无氰镀镉和二元的镀锡镉两种[41]。

无氰镀镉废水有两个来源，即电镀后漂洗水和钝化后的漂洗水。某电镀厂无氰镀镉车间为一班生产，每天产生无氰镀镉废水约 30 t。废水的 pH 值和所用的漂洗水相近，为中性。其含镉浓度瞬时可高达几十甚至几百毫克每升，但日平均值约为 10 mg/L。

镉在废水中呈两种形态存在：络合态与离子态。电镀后的漂洗水中，以络合态的镉为主，也有少部分的离子态。而钝化后的漂洗水中，几乎都是离子态的。因为形态不同，也有不同的特性。

络合态的镉在废水中较为稳定，在无氰镀镉中是镉与乙二胺四乙酸、氨三乙酸所形成的络合物，而无氰镀锡镉则是镉与乙二胺四乙酸二钠、氟化铵所形成的络合物。在废水中难以解离成沉淀，这一类的镉随着废水直接排放而造成水体污染。

至于离子状态的镉，它在中性或弱碱性条件下可与氢氧根生成氢氧化镉，则是一种颗粒较细微的沉淀物，在废水中不太稳定。单独的氢氧化镉，自然沉降速度缓慢。但废水中掺有其他凝聚或共沉物时，则氢氧化镉就较容易从废水中沉淀下来。

（2）处理原理。

石灰法除镉的原理是石灰与水作用生成氢氧化钙，它在水中解离提高了废水的碱性，使废水的 pH 值由 7.6 升高到 12 以上，然后以两种方式除镉。

一种是在较强碱性条件下，离子态的镉以氢氧化镉形式沉淀去除。

$$Cd^{2+}+2OH^{-} \longrightarrow Cd(OH)_2\downarrow \tag{4-5}$$

另一种是已被 EDTA 络合的镉进行下列反应：

$$CdY+Ca(OH)_2 \longrightarrow Cd(OH)_2\downarrow +CaY \tag{4-6}$$

其中：Y——EDTA 离子基团的简称。

由于 $Cd(OH)_2$ 的溶度积远小于 $Ca(OH)_2$ 的溶度积，因此，反应有利于 $Cd(OH)_2$ 的生成，过量的氢氧化钙使氢氧化镉沉淀的去除更趋完全，达到良好的镉处理效果，伴生的 CaY 是稳定的络合物，无毒。石灰中的碳酸钙、碳酸镁等则与 $Cd(OH)_2$ 一同沉淀。

（3）工艺应用。

车间排放的含有高浓度镉的废水，用自来水配置成不同浓度的试验用水，投加一定量的石灰，经压缩空气搅拌、静沉、取样检测除镉效果。

结果表明：

① 无氰镀镉废水浓度为 5 mg/L、10 mg/L、20 mg/L 时，一次投加 1.6 g/L、2.1 g/L、2.7 g/L（以 CaO 计）的石灰，经压缩空气搅拌 30 min，自然沉降 1～2 h 后，当净化水 pH 达到 12 以上，水中保持残留碱度在 600 mg/L、800～900 mg/L、1 000 mg/L 时，能使废水中的镉去除到 0.1 mg/L 以下，达到排放标准。

② 镀锡镉废水浓度为 10 mg/L 时，就需要投加 2.2 g/L（以 CaO 计）的石灰，水中保持碱度为 1 000 mg/L，才能使镉去除到 0.1 mg/L 以下。

石灰法除镉的主要影响因素为：

（1）石灰质量。

石灰法除镉的实质是氢氧化钙的作用，因此，要求石灰的有效成分——氧化钙含量尽可能的高，这样就避免其他无用的杂质增添处理后的泥渣量。普通供工业用石灰，质量稍好含有氧化钙 50%，次好的仅含氧化钙 30%～40%。某些化工原料用的石灰，可烧的含氧化钙 90%以上的石灰块。试验中使用了北京化工二厂的石灰块下脚料——灰渣，含有氧化钙约 70%，质量较一般石灰高，且价格低。

另一方面是对石灰消解要求，它直接影响到氢氧化钙在废水中的溶出与反应速度。石灰作用大致是依下列过程进行：

首先 $$Ca(OH)_2(固) \longrightarrow Ca^{2+} + 2OH^- \quad （4-7）$$

然后 $$Ca^{2+} + CdEDTA \longrightarrow Cd^{2+} + CaEDTA \quad （4-8）$$

$$Cd^{2+} + 2OH^- \longrightarrow Ca(OH)_2 \downarrow \quad （4-9）$$

因此，消解成细粉状的石灰有利于氢氧化钙的溶出并有效地使用药剂。没有消解成粉状的块状石灰在废水中常不能有效地全部溶出，从而增加了药剂的多余消耗。实验中用测定水中的碱度来衡量石灰的溶出和反应进行的程度。

（2）石灰投加方式。

石灰并不是易溶物质，它的投加方式可以有两种选择：

① 过量投药：多次运用，直至出水中的镉高于标准 0.1 mg/L 时，再重新添加石灰；

② 定量投药：按照每批废水中镉含量计算投加石灰量。

试验中对 pH=7.9，含镉浓度为 12～13 mg/L 的无氰镀镉废水，以两种方式投加石灰，搅拌 30 min，结果如表 4-3 所示。

表 4-3　不同投加方式对无氰含镉废水去除效果

投药	方式	过量									定量
	纯度	65.9%CaO									57.3
	投药量	21.244 g									2.4
运行次数		1	2	3	4	5	6	7	8	9	1
运行水量		1	1	1	1	1	1	1	1	1	1
出水 pH		12.6	12.5	12.4	12.4	12.4	12.1	12.2	12.2	12.0	—
出水镉浓度/（mg/L）		0	0	0	0	0	0.026	0.016	0.013	0.148	0.031
有效处理水量		9 L									1
石灰消耗量		1.75 g/L（以 CaO 计）									1.38

过量投药的平均石灰消耗量为 1.75 g/L（以 CaO 计），定量投药为 1.38 g/L（以 CaO 计）。过量投药虽然操作方便，然而石灰将随每批排水而流失，增加药剂的消耗。定量投药能合理地使用药剂，如果将沉淀药渣继续在下一批处理时重复使用，充分利用残余药剂，又可以达到提高处理效果或进一步减少药剂的目的。因此，但石灰法处理时，建议采用定量投药方式，不必每批排泥，待运行一定周期后再集中排泥。

（3）石灰投加量。

处理中，石灰用于提高废水的 pH 值而参与反应，为促使反应的完全而在水中保持一定的残留量。因此，它的用量应随着不同的含镉废水以及废水中镉的浓度而异。又因石灰是较难溶于水的物质，于是所用石灰的质量以及搅拌等条件也能影响到它的消耗量。但无论是何种废水、浓度高低，为获得良好的处理除镉净水效果，都需要保持 pH 在 12 以上。

（4）搅拌。

在石灰法处理含镉废水时，充分的搅拌作用对加速石灰在水中的溶解、初始形成氢氧化镉的反应均显得比较重要，搅拌强度越大，搅拌的时间越长，除镉的反应越趋于完全。当构筑物初步运行净化废水时，可适当延长搅拌时间至 1 h，待运行正常后，随着污泥的重复使用，再逐渐将搅拌时间缩短到半小时。不充分的搅拌，即使延长反应与沉淀时间，净化效果亦差。

（5）沉降时间。

含镉废水经石灰净化后生产的氢氧化镉是白色细微的颗粒，自然沉降比较缓慢。试验表明，一般需要 2 h 左右的沉降时间才能使净化水达到排放标准。表 4-4 给出了含镉废水经石灰处理后，沉降时间与水质关系。

表 4-4　不同沉降时间处理出水

含镉浓度/（mg/L）	石灰投加量/（g/L，以 CaO 计）	搅拌时间/min	净化水质/（mg/L，以 Cd 计）	自然沉降水质/（mg/L，以 Cd 计）	
				1 h	2 h
5	1.6	30	0.032	0.052	0.048
10	2.1	30	0.044	0.072	—
20	2.7	30	0.012	0.052	0.048

（6）污泥。

含镉废水经石灰处理后，残留泥渣经 1～2 h 静沉的湿体积占废水量的 3%～4%，干重为 1.0～1.5 g/L，其中主要为碳酸钙、碳酸镁、氢氧化镉以及少量未反应完全的氢氧化钙等。镀锡镉废水产生的泥渣稍微多一些，可达 1.7 g/L，除上述外，尚含有氢氧化锡和氟化钙等物，表 4-5 给出了泥渣的组成成分分析。

含镉废水经石灰处理后，镉进入泥渣中。但从泥渣的组成成分分析看，镉在泥渣中约占 1%，含量很低，不利于回收，目前还缺乏含镉泥渣填埋的标准，虽然氢氧化镉是难溶物质，一般的水浸不至于有镉随水溶出，但也应妥善处置，以防造成二次污染。

表 4-5　不同投加方式对无氰含镉废水去除效果

<table>
<tr><th rowspan="3">投药</th><th rowspan="3">含镉浓度/（mg/L）</th><th colspan="6">泥渣成分组成</th></tr>
<tr><th colspan="3">镉/%</th><th colspan="2">钙/%</th><th rowspan="2">其他杂质/%</th></tr>
<tr><th>理论结算</th><th>实测</th><th>以 $CdCO_3$ 计</th><th>实测</th><th>以 $CaCO_3$ 计</th></tr>
<tr><td rowspan="3">无氰镀镉</td><td>5</td><td>0.47</td><td>0.47</td><td>0.652</td><td>27.84</td><td>69.8</td><td>29.5</td></tr>
<tr><td>10</td><td>0.825</td><td>0.82</td><td>1.06</td><td>25.97</td><td>65.0</td><td>33.9</td></tr>
<tr><td>20</td><td>1.35</td><td>1.20</td><td>1.56</td><td>28.65</td><td>71.6</td><td>26.8</td></tr>
<tr><td>镀锡镉</td><td>10</td><td>0.76</td><td>0.67</td><td>0.87</td><td>28.79</td><td>72.0</td><td>27.1</td></tr>
</table>

石灰法除镉是一种比较简易、经济且有效的治理方法。适用于无氰镀镉、镀镉锡的废水。水量不大时，可采用间歇处理方式。在原水含镉为 10 mg/L 时，投加 2.1 g/L（以 CaO 计）的石灰，搅拌半小时，经 1～2 h 的自然沉降，净化出水能够符合排放标准。如果是镀锡镉废水，由于氢氧化物、氟化钙的形成，使石灰投加量需略增加到 2.2 g/L（以 CaO 计），它有同时除氟的好处。此外，石灰法处理含镉废水，净化处理后出水具有较高的碱度，pH＞12，而且要对含镉污泥进行妥善处理。

4.3.2　氧化-沉淀法处理氰化含镉废水

虽然沉淀法可以有效去除水中的游离镉离子，但是镉可以和很多阴离子以络合物形式存在。同时，氰化镀镉是主要镀镉工艺之一，镀镉废水中含有众多氰化物，而镉主要以络合态形式存在，难以用普通的化学沉淀法去除，因此，在采用化学沉淀法之前需要用氧化法，氧化去除水中的氰化物，将络合态的镉转化为离子态的镉，进而从水中去除。

4.3.2.1 基本原理

通过投加药剂与污染物发生氧化还原反应，改变废水中的有毒污染物的化学状态，使之转化为无毒或微毒物质的方法[42]。

4.3.2.2 氧化还原-沉淀法处理含镉废水案例

① 废水来源。

氰化镀镉后的漂洗水：工件镀镉后由镉槽中取出，表面附有镀液带到清水槽内，经清水冲洗后排入下水道；清洗镀镉槽产生的废水；冲洗地面产生的废水。

② 废水性质。

氰化镀镉废水含镉浓度 10 mg/L 左右，含氰 20 mg/L 左右，镉与氰的比例约为 1∶1.8～1.9，呈弱碱性，pH 值一般为 8.5～9。

废水中的镉、氰主要以镉氰络合物、游离氰化物和碳酸盐形式存在于废水中。以络合形式存在于水中的镉比较稳定，一般情况下很难去除。

③ 处理原理。

呈弱碱性的氰化镀镉废水加入漂白粉后，废水中的游离氰化物和镉氰络盐在氧化剂作用下，首先被氧化为氰酸盐，但废水中有足够的氧化剂存在时，会将氰酸盐进一步氧化为二氧化碳和氮。随着氰的分解，镉氰络盐的络合状态被破坏，镉呈离子状态，它在碱性条件下生产氢氧化镉沉淀，完成自废水中去除氰、镉的过程。反应式如下：

对于游离氰

$$2NaCN+5CaOCl_2+H_2O \longrightarrow 2CO_2\uparrow+N_2\uparrow+Ca(OH)_2+4CaCl_2+2NaCl \tag{4-10}$$

对于镉氰络盐

$$Na_2Cd(CN)_4+10CaOCl_2+2H_2O \longrightarrow 4CO_2\uparrow+2N_2\uparrow+Ca(OH)_2+Cd(OH)_2+9CaCl_2+2NaCl \quad (4\text{-}11)$$

④ 处置效果。

漂白粉的用量参照氰的处理用量。搅拌时间 15～30 min。氰的处理效果可去除水直接测定。镉的处理效果分两种情况：一是将水经滤纸过滤以检测反应形成氢氧化镉的完全程度；二是将投药、搅拌后的水放置静沉，定时采样，观测氢氧化镉自然沉降的性能。

结果表明：氰化镀镉废水含氰浓度为 10～60 mg/L，相应含镉浓度为 5～30 mg/L，形成氢氧化镉沉淀的反应很完全，残留水中的镉的浓度可降至 0.1 mg/L 以下。由于氢氧化镉沉淀颗粒极为细微，自然沉降缓慢，一般经 3～4 h 静沉，出水尚残留少量氢氧化镉的颗粒。去除效果如表 4-6 所示。

表 4-6　试验综合结果

原水				硫化钠				出水水质				自然沉降 4 h	污泥干重/g
水量/L	pH	氰/(mg/L)	Cd^{2+}/(mg/L)	Cl_2/%	Cl：CN	漂白粉/g	时间/h	氰/(mg/L)	镉/(mg/L)	pH	余氯/(mg/L)		
200	8.2	11.1	5.2	23.1	5	48	0.5	0	0.024	8	2.08	0.03	0.155
200	8.1	20.1	5.16	23.1	6	104.5	0.5	0	0.032	8	8.66	0.495	0.325
200	7.9	27.4	8.4	23.1	5	120	0.5	0.002	0.067	8.4	9.7	0.54	
200	8.5	37.1	12.4	23.1	5	161	0.5	0.007	0.072	8.5	11.8	0.376	
200	9.3	60	19.1	23.1	4.5	234	0.5	0.009	0.008	10.6	12.5	—	0.677

从试验结果看：

① 漂白粉的用量与单独处理氰时相同，依废水中氰浓度而定，投药比采用 CN∶Cl=1∶4.5～6，要求废水中保持微量的余氯 3～6 mg/L。

② 搅拌时间与搅拌设备情况有关，一般采用 15～30 min 即可。

③ 反应生成的氢氧化镉沉淀颗粒较细，自然沉降缓慢。废水浓度不同时，自然沉降出水镉的浓度也不同。一般经过 4 h 自然沉降，出水镉含量在 0.2～0.5 mg/L。要使出水镉含量在 0.1 mg/L 以下，需要 70 h 以上的自然沉降。因此，为了加快沉降过程，需要使用混凝剂，通过矾花的形成促进沉降过程。

④ 产生的物质主要包括碳酸钙、氢氧化镉等，当废水浓度较低时，经 2 h 沉降的湿体积仅占水量的 0.05%。当废水浓度较高时，可达 0.4%。

⑤ 存在的问题：废水处理后产生的污泥需要及时处置，以防产生二次污染；自然沉淀除镉，短时间内还残存极微量的氢氧化镉细小颗粒无法取出，若欲使出水水质含镉浓度在 0.1 mg/L 以下，需要采用混凝等其他方法来促进这一过程。

4.4 含镉废渣处理

镉渣是环境中镉的另一个主要工业来源，经雨水浸洗后溶解态镉进入环境中就会造成镉污染。

镉渣中镉的处理主要通过酸溶的方法，将其中的镉从废渣中浸出，并通过化学沉淀等方法将其回收利用。

4.4.1 立德粉生产中锌镉渣的处理

立德粉生产的主要原料是氧化锌、硫酸、重晶石和无烟煤。1 t

成品的原料消耗分别为氧化锌 270 kg、硫酸 320 kg、重晶石 1.11 t、无烟煤 470 kg。

立德粉生产的废渣按其成分主要分为四种：钡渣、铅渣、锌镉渣和煤渣。煤渣来自锅炉和煅烧炉；钡渣来自硫酸钡液制取工段；铅渣和锌镉渣分别来源于硫酸锌液制取工段的酸浸和置换后压滤工序。各种废渣的生成量均与各工序原料的纯度和工艺条件有关。

根据实际调查，生产 1 t 立德粉成品产生钡渣约 1.0 t、铅渣约 0.5 t、锌镉渣约 0.02 t、煤渣约 0.8 t。

4.4.1.1 基本原理

锌镉渣的主要成分为 ZnO 30%～40%，CdO 10%～20%。利用镉和锌等金属溶于稀硫酸生成硫酸盐的性质，先使镉渣与稀硫酸反应，然后过滤，将不溶于稀硫酸的固体杂质除去。此时，硫酸盐溶液中不但含有 Cd^{2+}，还含有 Fe^{2+}、Ni^{2+}、Mn^{2+}、Zn^{2+}等。在硫酸盐溶液中加入强氧化剂高锰酸钾，将溶液中的 Fe^{2+}氧化为 Fe^{3+}，Fe^{3+}水解产生的氢氧化铁沉淀从溶液中析出；溶液中的 Mn^{2+}被氧化为四价，形成二氧化锰沉淀，从溶液中析出；在整个过程中需要严格控制 pH 值。这样，经高锰酸钾氧化后，可以除去硫酸盐溶液中的铁、锰等杂质。根据镉离子能被较活泼的金属锌取代的原理，在去除铁锰等杂质后的硫酸盐溶液中加入金属锌板，进行置换反应。镉离子被锌置换后成为单质镉附着在锌板上。然后将海绵状镉取下，经洗涤、高温熔炼，即可得到金属镉。置换后的母液即硫酸锌溶液，可作为生产立德粉的原料，也可以将硫酸锌溶液浓缩结晶，使之成为固体的七水硫酸锌晶体出售。

主要化学反应式如下：

$$Cd+H_2SO_4 \rightleftharpoons CdSO_4+H_2\uparrow \quad (4\text{-}12)$$

$$Fe+H_2SO_4 \rightleftharpoons FeSO_4+H_2\uparrow \qquad (4\text{-}13)$$

$$2KMnO_4+10FeSO_4+8H_2SO_4 \rightleftharpoons 2MnSO_4+5Fe_2(SO_4)_3+K_2SO_4+8H_2O \qquad (4\text{-}14)$$

$$Fe_2(SO_4)_3+6H_2O \rightleftharpoons 2Fe(OH)_3+3H_2SO_4 \qquad (4\text{-}15)$$

$$3MnSO_4+2KMnO_4+2H_2O \rightleftharpoons 5MnO_2+K_2SO_4+2H_2SO_4 \qquad (4\text{-}16)$$

$$CdSO_4+Zn \rightleftharpoons ZnSO_4+Cd \qquad (4\text{-}17)$$

4.4.1.2 工艺流程、主要设备及工艺条件

在溶解废镉渣时，加入的稀硫酸浓度控制在 30%为宜，在终止加入镉渣时，应使溶液的 pH 保持在 5 左右，但在氧化过程中需要将 pH 值控制在 4 左右，并使氧化在一定温度下进行。

置换反应条件控制得当与否，直接关系到镉的回收率的高低。实践证明，置换反应的温度和时间是影响镉回收率的两个重要因素。一般置换镉的温度是 60℃，镉的置换时间应控制长一些，但当溶液中镉离子被置换完时，应马上将附有海绵状的镉从锌板取下来，使其迅速与溶液分离。在用锌板置换含镉溶液中的镉时，其置换速度与溶液中的酸度有很大的关系。当酸度较低时，镉被锌置换的速度较快。

4.4.2 镉镍废渣的萃取处理

镉镍电池生产过程中，排放出大量含镉镍废渣[43]，其主要成分含量如表 4-7 所示。

表 4-7　电池废渣中的主要元素含量

组成	Cd	Ni	Cu	Fe	Al	Ca	Mg	酸不溶物
百分含量/%	26.7	28.0	—	0.250	5.21	0.055	0.027	0.570

萃取剂选用 *N*,*N*-二（1-甲基庚基）乙酰胺（简称 N_{503}），它是弱碱性萃取剂。

4.4.2.1　基本原理

N_{503} 的结构式为：

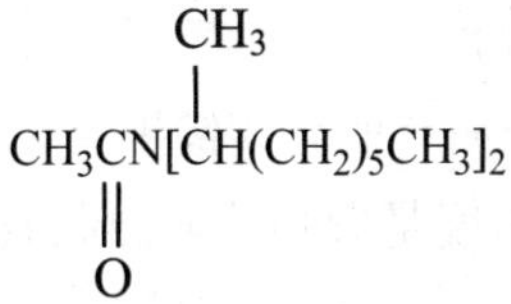

$$\begin{array}{c} \qquad\quad CH_3 \\ \qquad\quad | \\ CH_3\underset{\underset{O}{\|}}{C}N[CH(CH_2)_5CH_3]_2 \end{array}$$

在强酸性下其羰基可质子化，形成

$$\begin{array}{c} \qquad\quad CH_3 \\ \qquad\quad | \\ [CH_3\underset{\underset{O}{\|}}{C}N\ [CH(CH_2)_5CH_3]_2]^+ \end{array}$$

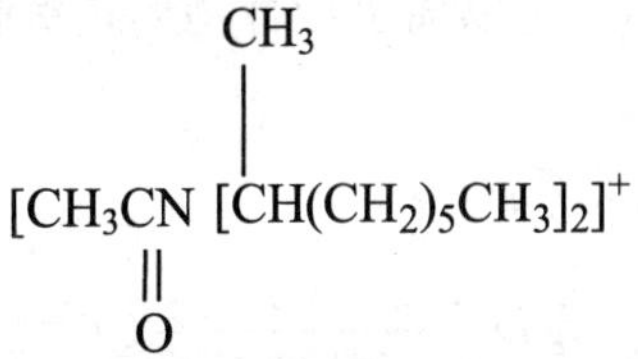

镉离子在盐酸介质中可形成络阴离子 $CdCl^{3-}$ 或 $CdCl_4^{2-}$。因此，在盐酸介质可发生如下萃取反应：

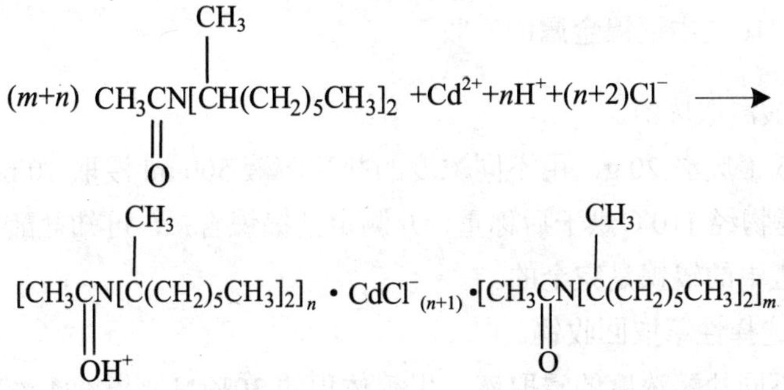

$$(m+n)\ CH_3\underset{\underset{O}{\|}}{C}N[\overset{\overset{CH_3}{|}}{C}H(CH_2)_5CH_3]_2 + Cd^{2+} + nH^+ + (n+2)Cl^- \longrightarrow \tag{4-18}$$

$$[CH_3\underset{\underset{OH^+}{\|}}{C}N[\overset{\overset{CH_3}{|}}{C}(CH_2)_5CH_3]_2]_n \cdot CdCl^-_{(n+1)} \cdot [CH_3\underset{\underset{O}{\|}}{C}N[\overset{\overset{CH_3}{|}}{C}(CH_2)_5CH_3]_2]_m$$

而镍不易形成类似于镉的络合离子，不容易被 N_{503} 萃取，因此，在适合的条件下可分离并回收镉和镍[44]。

4.4.2.2 萃取分离镉镍的条件研究

① 水相盐酸浓度对镉镍萃取率的影响。

用 30%N_{503} 煤油溶液萃取不同酸度下镉镍混合液，在此条件下，当盐酸浓度为 4 mol/L 时，已可定量萃取镉离子，而镍离子的萃取率小于 3%，此时能有效地分离镉镍。当水相盐酸浓度大于 5 mol/L 时，有第三相形成，可加入混合醇消除。

② 水相介质的影响。

用 $NaCl+H_2SO_4$ 介质萃取分离镉镍离子，效果不理想。由此可知，水相的酸度和氯离子浓度是影响萃取分离效果的主要因素。

③ 温度的影响。

由于 N_{503} 对镉离子是以离子缔合物形式萃取，因此，温度升高对萃取不利。

根据热力学近似关系：

$$\lg D = -\frac{\Delta H}{2.303RT} + C \tag{4-19}$$

可知萃取反应是放热过程。

4.4.2.3 废渣中镉镍金属的回收

① 酸浸取废渣。

各取干废渣 20 g，用不同浓度的盐酸溶液 500 ml 浸取 10 min，过滤。滤物经 110℃烘干后称重，并测定其镉镍含量。可知盐酸溶液浸取废渣中的镉镍是完全的。

② 选择性萃取回收镉。

用不同盐酸浓度的浸取液，用等体积的 30% N_{503} 煤油溶液萃取两次，萃取后的有机相用等体积的水反萃取两次，萃取后的有机相用等体积的水反萃两次，并测定反萃水液中的镉镍含量。

在适当条件下，采用二级萃取，镉回收率可达 99.6%，但回收产品氯化镉中含有镍 2.9%，铝 0.46%。若将反萃水液用 30%N_{503}煤油溶液再萃取一次，则回收产品氯化镉中仅含镍 0.08%，铝 0.01%。

萃取后水相用氢氧化钠调节至 pH＞11，此时，镍以氢氧化镍沉淀形式、铝主要以偏铝酸根形式残留于溶液中，过滤可以实现对镍的回收。

除去镉镍的废液，可用硫酸调节至 pH 6～7，此时，溶液中的铝以氢氧化铝沉淀形式存在，可实现对铝的回收。而处理后的水中镉、镍都可以达到排放标准的要求。

③ 镉镍废渣处理流程如图 4-1 所示。

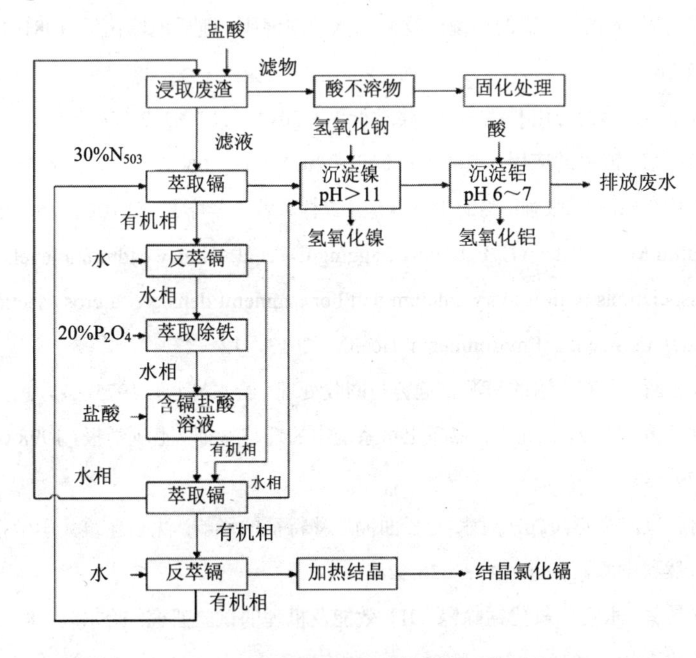

图 4-1　萃取法处理镉镍废渣工艺流程

参考文献

[1] 冯兆良. 镉与痛痛病的关系. 国外医学参考资料（卫生学分册），1977（6）：379.

[2] 范毓强. 环境中的镉. 北京：中国大百科全书出版社，1996.

[3] 龙惠溪，普拉克辛. 镉·有色金属（冶炼部分），1955（14）：39-43.

[4] 迪安 J. A. 兰氏化学手册（十三版）. 北京：科学出版社，1991.

[5] 夏斌，叶霖，潘自平. 镉的地球化学研究现状及展望. 岩石矿物学杂志，2005（4）：339-348.

[6] 危克周，朱梅年. 镉的环境生物地球化学与健康. 地质地球化学，1981（10）：22-26.

[7] 邓玉良. 镉的应用和镉污染. 化学世界，2012（11）：702-704.

[8] 彭位增. 镀镉的应用. 表面工程资讯，2011（6）：66-67.

[9] 张建奎，李裕，张强. 镉的生态风险. 吉林农业大学学报，2010（5）：528-532.

[10] Wallin M，Sallsten G，Fabricius-Lagging E，et al. Kidney cadmium levels and associations with urinary calcium and bone mineral density：a cross-sectional study in Sweden. Environmental Health，2013，12（22）.

[11] 张芳西. 含镉废水的来源、危害与回收处理. 给水排水，1975（1）.

[12] 黄昌勇，廖敏，谢正苗. 镉在土水系统中的迁移特征. 土壤学报，1998（2）：179-185.

[13] 周启星，金彩霞. pH 对水-土界面镉迁移特征的影响. 沈阳建筑大学学报：自然科学版，2006（4）：626-628.

[14] 杨磊三. 水合二氧化锰除镉（II）效能及机理的试验研究. 哈尔滨：哈尔滨工业大学，2010.

[15] 邢旭东，张建新. 洞庭湖镉迁移转化的马尔可夫模型评价. 岩矿测试，2007（4）：339-342.

[16] 方平，何清溪. 珠江七大口门与珠江口海域水体中镉的形态关系的初步探讨. 海洋环境科学，1983（2）：28-32.

[17] 上海市政工程设计研究院. 给水排水设计手册. 城镇给水. 北京：中国建筑工业出版社，2004.

[18] 吴国平. 冶炼厂含砷、镉高浓度污水处理技术. 有色冶金设计与研究，2008（6）.

[19] 黄晓东，张金松，尤作亮，等. 广东北江镉污染应急处理技术与工程实践. 供水技术，2007（2）.

[20] 环境保护部环境应急指挥领导小组办公室. 突发环境事件典型案例选编（第一辑）. 北京：中国环境科学出版社，2011.

[21] 黄焕坤，李建明. 北江上游 2005 年镉污染事故处理应急措施效果分析. 水资源研究，2007（2）.

[22] 李桂秋，窦明，马军霞. 北江突发镉污染事故的健康危害评价. 河海大学学报：自然科学版，2009（6）：655-659.

[23] 李晓华，窦明，马军霞. 北江重金属镉污染事故数值模拟. 郑州大学学报：工学版，2007（2）：117-120.

[24] 张晓健. 松花江和北江水污染事件中的城市供水应急处理技术. 给水排水，2006（6）：6-12.

[25] 张晓健，陈超，米子龙，等. 饮用水应急除镉净水技术与广西龙江河突发环境事件应急处置. 给水排水，2013（1）：24-32.

[26] 步雪琳. 化工石化业存在严重布局性环境风险. 中国环境报，2006.

[27] Zhang X J，Chen C，Lin P F，et al. Emergency drinking water treatment during source water pollution accidents in China：origin analysis，framework and technologies. Environmental Science & Technology，2011，45（1）：161-167.

[28] 张悦，张晓健，陈超，等. 城市供水系统应急净水技术指导手册. 北京：中

国建筑工业出版社，2009.
[29] 秦钰慧，凌波，张晓健. 饮用水卫生与处理技术. 北京：化学工业出版社，2002.
[30] 马捍东. 铜镉渣资源化利用中分离过程的研究. 上海：华东理工大学，2010.
[31] 张剑如，叶金武，徐立宏. 含镉废水处理研究进展. 广东化工，2007（2）.
[32] 曾江萍，汪模辉. 含镉废水处理现状及研究进展. 内蒙古石油化工，2007（11）.
[33] 戴世明，吕锡武. 镉污染的水处理技术研究进展. 安全与环境工程，2006.
[34] 翟莹雪，魏世强. 土壤富里酸对镉的吸附特征与影响因素的研究. 农业环境科学学报，2006.
[35] 周芝兰，童孟良，陈东旭. 壳聚糖絮凝剂处理含镉（Ⅱ）废水的实验研究. 广州化工，2009（2）.
[36] 牟淑杰. 改性累托石吸附处理含镉废水实验研究. 矿产综合利用，2009（3）.
[37] 邓书平. 改性累托石吸附处理含镉废水. 化工环保，2009（4）.
[38] 宝迪，张树芳，王永军. 天然沸石处理含铅、镉废水的试验研究. 内蒙古石油化工，2003（2）.
[39] 李爱阳，李大森，李安伍. 改性木质素磺酸盐处理含镉废水的研究. 工业水处理，2009（11）.
[40] 毕亚凡，张秀娟. 液膜法处理废镉镍电池浸出液的研究. 武汉化工学院学报，2003（3）.
[41] 付忠田，黄戊生，郑琳子. 化学沉淀法处理葫芦岛锌厂含镉废水的研究. 环境保护与循环经济，2010（10）.
[42] 马良，唐俭. 氰镉废水处理工艺技术的研究与应用. 四川环境，2007（5）.
[43] 杨家玲，于秀兰. 镉镍废旧电池处理概况. 天津化工，1993（3）.
[44] 孔祥华，王晓峰. 旧镉镍电池湿法回收处理. 电池，2001（2）.

附　录

附录Ⅰ　镉相关化合物及其物理性质

表Ⅰ-1　镉相关化合物及其物理性质

名称	化学式	分子量/（g/mol）	密度/（g/ml）	熔点/℃	沸点/℃	溶解度 20℃/（mg/L）	物理性状
醋酸镉	$Cd(CH_3COOH)_2$		2.341	255			
二水合醋酸镉	$Cd(CH_3COOH)_2 \cdot 2H_2O$		2.009			易溶于水，不溶于醚	透明单斜晶系，潮解
三水合醋酸镉	$Cd(CH_3COOH)_2 \cdot 3H_2O$					易溶于水	无色单斜晶系，潮解
砷酸镉	$Cd_3(AsO_4)_2$						白色大沉淀
偏硼酸镉	$Cd(BO_2)_2$					难溶于水	白色粉末

名称	化学式	分子量/（g/mol）	密度/（g/ml）	熔点/℃	沸点/℃	溶解度 20℃/（mg/L）	物理性状
二水合溴酸镉	$Cd(BrO_3)_2 \cdot 2H_2O$			加热分解		稍溶于水	透明斜方系棱晶
溴化镉	$CdBr_2$	272.24	5.192	566	963	易溶于水	叶状物
四水合溴化镉	$CdBr_2 \cdot 4H_2O$					溶于水	针状物
碳酸镉	$CdCO_3$	172.42	4.26			不溶于水，溶于酸	白色粉末
二水合氯酸镉	$Cd(ClO_3)_2 \cdot 2H_2O$					易溶于水	无色角状物
氯化镉	$CdCl_2$	183.32	4.05	568	960	易溶于水	鳞状物
二水合氯化镉	$CdCl_2 \cdot 2H_2O$			加热升华		易溶于水	长而透明的直角棱晶
碱式铬酸镉	$2CdO \cdot CrO_3 \cdot H_2O$					难溶于水	黄色粉末状物
氰化镉	$Cd(CN)_2$	164.45	2.226	200℃分解		稍溶于水	白色结晶
亚铁氰化镉	$Cd_2[Fe(CN)_6]$					不溶于水	白色粉状物
铁氰化镉	$Cd_3[Fe(CN)_6]_2$					不溶于水	淡黄色粉状物
氟化镉	CdF_2	150.41	6.33	1 049	1 748	难溶于水	白色粉状物
氢氧化镉	$Cd(OH)_2$	146.63	4.79	150℃分解		不溶于水	白色非结晶粉状物
次磷酸镉	$Cd(H_2PO_4)_2$			加热分解		溶于水	小的结晶

名称	化学式	分子量/（g/mol）	密度/（g/ml）	熔点/℃	沸点/℃	溶解度 20℃/（mg/L）	物理性状
碘酸镉	$Cd(IO_3)_2$		6.43			很少溶于水	白色结晶
碘化镉	CdI_2	366.23	5.67	388	787	易溶于水	六边板状物
七水合高锰酸镉	$Cd(MnO_4)_2 \cdot 7H_2O$						团状物
钼酸镉	$CdMoO_4$					不溶于水	黄色叶状
硝酸镉	$Cd(NO_3)_2$		2.4		132	易溶于水	白色团状物
四水合硝酸镉	$Cd(NO_3)_2 \cdot 4H_2O$	290.43	2.46	59.5	132	易溶于水	菱形结晶
一水合亚硝酸镉	$Cd(NO_2)_2 \cdot H_2O$					溶于水	黄色结晶团状物
三水合草酸镉	$CdC_2O_4 \cdot 3H_2O$					几乎不溶于水	白色结晶粉
氧化镉	CdO		8.15	900℃解离	1 813℃升华	不溶于水	棕色粉状物
磷酸镉	$Cd_3(PO_4)_2$					不溶于水	非结晶沉淀
氟硅酸镉	$CdSiF_6$					易溶于水	长的棱晶
硫酸镉	$CdSO_4$		4.69	1 000		易溶于水	白色粉状物，吸湿
硫化镉	CdS	144.47	4.82	1 750		极不溶于水	非结晶粉状物
亚硫酸镉	$CdSO_3$					难溶于水	白色晶团状物
硫氰化镉	$Cd(SCN)_2$					稍溶于水	白色发亮结晶
二水合硫代硫酸镉	$CdS_2O_3 \cdot 2H_2O$					溶于水	潮解，粉状物
钨酸镉	$CdWO_4$					不溶于水	黄色粉状物

附录Ⅱ 镉的危害与防护

Ⅱ-1 镉对人体的危害

镉是对人体健康危害最大、影响最广的重金属元素之一。镉是重金属污染物，不是人体所必需的。新生的婴儿几乎无镉。人体中的镉全部是出生后从外界环境中摄入而蓄积的。

镉污染能在自然界中蓄积，不能够被破坏或降解。镉在食物链中富集，可通过水—土壤—粮食—生物等途径进入人体，使人中毒，甚至死亡。镉在人体内有蓄积作用，随年龄增加而增长，生物半衰期可长达 10～30 a。人体中的镉中毒主要是通过消化道和呼吸道摄入被镉污染的水、食物、空气引起的。镉对人体组织和器官的损害是多方面的，主要是肾、肝损害，肺气肿，骨质疏松、脱钙、骨软化症，睾丸萎缩、坏死，嗅觉减退或丧失，致突变、致癌、致畸等。

（1）人体内镉的代谢

① 镉的摄入。

微量元素进入人体的途径主要是消化道，呼吸道、皮肤和其他部位的黏膜吸收则很少。环境中的镉可以通过食物、水、空气等途径经消化道和呼吸道进入人体。根据食物中镉含量的资料，通过估计表明：在未污染地区的居民中，通过食物的每日镉摄入量为 25～75 μg，平均为 50 μg。

通过食物的每日镉摄入量当然也随着膳食的不同而有显著的变化。由于研究方法和污染情况等不同，各地报道的通过食物的每日摄入量也大不相同。饮用水中镉的浓度一般为 1 μg/L 左右，在这种水平上，每人每日饮水 2 L，结果通过饮用水的每日镉摄入量为 2 μg。美国国家环境保护局制定的饮用水标准为 10 μg/L，在这种水平上，通过饮水的每日镉摄入量最多为 20 μg。市区空气中镉的浓度一般为 0.02 μg/m^3，每人每日吸入空气 20 m^3，结果通过空气的每日镉摄入量为 0.4 μg。

表Ⅱ-1 美国和加拿大市场菜筐中镉的调查

食物	美国，1968—1969		加拿大	
	mg/kg	摄入量/（μg/d）	mg/kg	摄入量/（μg/d）
牛奶和奶制品	0.01～0.09	5	0.02～0.06	15
肉、鱼和禽类	0.01～0.06	4	0.05～0.08	19
粮食谷物	0.02～0.08	14	0.02～0.14	13
马铃薯	0.02～0.13	7	0.03～0.22	19
叶菜类	0.01～0.23	5	0.02～0.05	2
茎菜类	0.01～0.03	1	0.02～0.06	1
根菜类	0.01～0.08	1	0.03～0.09	3
水果类	0.01～0.38	7	0.01～0.06	4
油脂	0.01～0.13	2	0.03～0.07	1
糖和添加剂	0.01～0.07	1	0.02～0.03	3
饮料	0.01～0.04	4	0.01～0.04	2
合计		51		82

总之，尽管各国报道的每人每日镉摄入量的数字不完全一样，但总的趋势是一致的。目前世界各国的每人每日镉摄入量约为：食物 50～60 μg，饮水 2 μg，空气 0.3 μg，吸烟 4 μg。由此可知，镉对人体的危害主要是通过食物产生的。

表Ⅱ-2 渡口市居民的镉摄入量估算值

样品			消费量/g	镉含量/（μg/g）	镉摄入量/μg
食物	粮食		568.5	0.05	28.43
	蔬菜、水果		515	0.022	11.33
	肉食	猪肉	118.7	0.02	2.37
		牛肉	2.8	0.03	0.08
		羊肉	2.2	0.03	0.07
饮用水			3 L	1.02	3.06
空气			12 m^3	0.06	
合计					45.4
每日允许摄入量					57.1～71.4

② 镉的吸收。

镉不是人体内的必需元素，人体内的镉几乎全部是出生后从外界环境中摄入并蓄积的。随着年龄的增长，镉在体内逐渐蓄积。人在 50 岁时体内蓄积的镉最多，因为这时肾和肝的镉削减很缓慢。50 岁以后，镉的蓄积量就减少了。

镉在体内的逐年蓄积，有广泛的地理差异，不同地区人群的肾内含镉量相差可达 30 倍之多。在亚洲地区居住者比在世界上其他地区居住者高，例如亚洲蒙古人种组肾脏中镉显著高于美国白人、欧洲人及印第安人组，而非洲黑人组则最低。此种差异可能主要与环境因素有关。

③ 镉在人体中的分布。

由于人体吸收的镉只有极少量从粪便和尿中排出，所以镉的吸收量与排泄量是不等的。这个吸收量和排泄量的差额，使镉得以在体内蓄积下来。

在血液中运转的镉向所有脏器分布，但是其中大部分进入肾脏和肝脏。在美国对 88 名因事故死亡的男子进行的分析表明，肾脏中的镉含量是 2 800 mg/L，肝脏中是 180 mg/L，胰腺中是 80 mg/L，主动脉、心脏、肺、前列腺、脾脏、睾丸等都在 50 mg/L 以下（这些数值都是以灰分计算），而在脑中则没有检查出镉。如换算成湿重，肾脏是 30.7 mg/L，肝脏是 2.34 mg/L；如以整个脏器中的含量计算，分别约为 10 mg 和 4 mg。正常人镉的总体负荷量为 30 mg，肾脏和肝脏的镉含量约占总体负荷量的 1/2。曾对生前接触镉的 7 个人，在死后做各脏器含镉量测定，结果肾脏为 1～8 mg/100 g，肝脏为 2～4 mg/100 g，胰腺为 4～8 mg/100 g，甲状腺为 6～8 mg/100 g。正常人内脏低于 0.01 mg/100 g。

表Ⅱ-3 日本称量男女体内镉含量

组织	重量/g	镉含量/mg	组织	重量/g	镉含量/mg
肌肉	24 000	6.96	胃肠	1 000	0.75
骨	8 500	0.82	肺脏	900	0.65
脂肪	6 600	0.45	心脏	300	0.048
血液	4 500	0.76	肾脏	250	11.73
皮肤	4 200	1.34	脾脏	150	0.12
结缔组织	1 800		胰腺	100）	0.27
肝脏	1 500	8.52	合计	55 kg	＞33
脑	1 300	0.16			

脏器中镉的分布随时间的推移而有变化。将镉投予动物，不论何种方式投予，先是肝脏中含镉量增加，然后是肾脏中含镉量增加。在动物实验中，于单次注射后，镉的最高浓度首先发现于肝脏中，随后发生再转移，肝脏中的浓度下降，最后可被肾皮质中的浓度超过。肝脏在 30 日前增加，以后减少，肾脏则一次投予 2 个月内持续增加。经口投予一定浓度的含镉饮料长期饲养鼠（＜8 个月），各脏器中镉含量增加的次序是：肝、肾、心、脾、肺、脑、骨。

④ 镉的排泄。

吸入体内进入血流的镉其排泄经路很多，可通过粪便、尿、毛发和分泌腺（汗液、唾液等）等排出体外，镉的主要排泄经路是通过消化道从粪便排出。排泄的量以粪便中最多，尿液中次之。镉的排出速度慢，在体内存留时间长。经口摄入的镉有 70%～80%从粪便排出，经尿排出约占 20%。

普通人尿中镉排泄量在 10 μg/L 以内。平均正常尿中镉的排泄量不超过 5 μg/d。成年人排泄 1～2 μg/d。尿镉排泄量随年龄而增加，儿童少些，成年人高些，对于儿童大约为 0.5 μg/L，而 40 岁的人约为 2 μg/L。普通人的粪镉比尿镉高。

（2）镉的毒性

① 非职业性中毒。

用镀镉的器皿调制或贮存酸性食物，以及用冰箱镀镉的冰槽存放食物和酒类，都可能造成镉中毒。例如，1941 年美国海军报道 200 多例镉引起轻度中毒的症状；1946 年法国报道约 300 例镉中毒；1948 年曾发生因饮酒而引起集体中毒事件，事后发现酒中含有 100～180 mg/L 的镉。

研究结果表明：一般中毒者所喝的镉总量中只有 15%在脏器、血和尿中测出，其余的 80%可能随呕吐等排出，还有一些留在其他组织中。口服中毒潜伏期极短，往往经过 10～20 min，即发生恶心、呕吐、腹痛、腹泻等症状。口服硫酸镉的致死量是 30 mg 左右。

② 职业性急性中毒。

吸入镉烟引起的急性中毒，以刺激呼吸道黏膜为主，可发生化学性肺炎和肺水肿。空气中镉浓度每立方米达数毫克时，就可引起呼吸道明显损害。

冶炼镉和镀镉时可产生大量镉的烟雾和蒸气。吸入高浓度的镉烟雾或蒸气后，通常经过 2～10 h 的潜伏期，首先产生呼吸道刺激症状，少数病人还可有恶心、呕吐、腹痛等急性胃肠炎的症状。

美国曾有多起急性工业镉中毒病例的报道，其中 15%以死亡为结局。镉的氧化物因无嗅无刺激，容易引起中毒。甚至在吸入高浓度的氧化镉时，工人也并不经常有特殊的感觉。潜伏期一般很长，中毒征象是逐渐加重的。根据计算，在加热下形成氧化镉时，对于从事轻微劳动的致死中毒系数等于 2 500～2 900 mg/m^3。当分散度更高时，例如在通过电弧形成的氧化镉烟的作用下，致死值约为 1 500 mg/m^3。碳酸镉粉尘的急性中毒表现为：中毒者脸色特别苍白、四肢寒冷、虚脱、脉搏微弱等症状。

世界卫生组织估计，暴露于含氧化镉 5 mg/m^3 的烟雾中 8 h，能使人致命。动物研究表明，吸入氧化镉或氯化镉空气溶胶的影响，分为三个明显区分开来的阶段。在暴露 24 h 之内，发展为急性肺水肿；暴露后 7～10 d，观察到扩散性间质性肺炎；血管和支气管炎纤维化形式的永久性肺损害。前两个阶段已被临床或通过对人的尸体解剖所证实。

口服镉中毒以消化道症状为突出。经过 15～30 min 至 4～5 h 潜伏期后，出现急剧的胃肠刺激症状，有恶心、流涎、呕吐、腹痛和虚脱，甚至抽搐等。由于镉有催吐作用，很少发生死亡。此外，急性中毒痊愈后一般无后遗症。

③ 职业性慢性中毒。

长期接触低浓度镉化合物而引起的慢性镉中毒，以肺气肿和肾功能损害为主要表现。一般发生在接触后 5～8 a，如未及时治疗，病程可呈进行性发展。

肺气肿缓慢进展，病人有进行性复习困难、活动后加重，伴有心悸。

肾脏损害的特点是产生特殊的蛋白尿，为肾小管型，但临床往往无明显的肾病综合征。

镉还可损伤嗅神经，引起完全失嗅。病变发生与接触时间有密切关系，多在 10 a 以上。空气中的镉浓度多在 0.07～15 mg/m^3。

慢性镉中毒时，可有周身骨骼疼痛、腰痛。X 射线检查可见骨质疏松或骨软化。此外，可伴有肾结石、肝脏损害等。

④ 镉对人体器官的损害。

通过流行病学调查及临床研究，证实尿石形成与镉有关。镉损伤肾小管并引起高钙尿，是尿石形成的促进因子。尿石高发年龄组与镉在体内达到最大值的年龄组吻合，说明尿石形成与镉在体内累积并达到一定的体内符合有关。

肝是体内镉的主要蓄积脏器之一。在暴露于氧化镉烟雾而受到急性镉中毒的工人中，肝的微观变化是明显的。

急性镉中毒可引起肺水肿、肺气肿。慢性镉中毒主要引起肺气肿，这种肺气肿在接触多年后发生，发生前可不伴有支气管炎等。

此外，镉对人体的骨骼、睾丸、血液以及嗅觉等造成损害。

⑤ 镉的三致效应。

镉的致癌作用早已为动物实验所证实，在肌肉或皮下注射后，于施加金属镉或镉化合物的部位可局部诱发肿瘤。

对鼠类单次非肠道施加亚致死剂量的镉化合物，除观察到严重的胎盘损伤外，在怀孕后期会诱发母体产生一种特殊的、高死亡率的综合征，并使胎儿死亡。怀孕后期致死的同样镉剂量若在早期施加就会导致畸形。

此外，镉具有很强的致突变性。对骨痛病病人的白细胞染色体进行观察，发现由于这种病人镉中毒较严重，发现有 12%的细胞出现双着丝点和染色单位交换。

（3）镉中毒的机理。

① 镉在体内的存在形式。

金属元素在体内的分布极不均匀，各有其固定的高浓度部位（靶器官）。其在体内的存在形式也各不相同，有的呈水合状态的自由离子存在，有的是机体高分子的组成成分，形成较牢固的结合状态。与金属离子结合的配基，最主要的有巯基（—SH）、氨基（—NH_2）、羧基（—COOH）等。前三个形成共价配位化合物，后三个形成离子配位化合物。金属酶就是配基和金属原子结成的共价螯合物。金属原子与蛋白共价配位结合形成金属蛋白质。近年来，人们注意到在肝和肾中有一种金属巯蛋白，在重金属中毒时起重要的解毒作用。其分子量约为 10 000，有大量的胱氨酸和巯基。

镉不是人体必需的元素。近年来的研究表明，镉高度选择性地储存在肝和肾。进入人体后在肝脏诱导生产与金属蛋白类似的镉巯蛋白，它可与大量的镉、锌和少量的铜结合。试验表明，镉巯蛋白的生成引起肝中镉、锌、铜分布的改变。镉中毒时镉巯蛋白起着重要的解毒作用。

② 镉中毒的机理。

动物实验发现，微量的镉既能干扰大鼠肝脏线粒体中氧化磷酸化过程。在试管内证实，镉可减低或抑制各种氨基酸脱羧酶、组氨酸酶、淀粉酶、过氧化酶等的活力。因而推测其部分中毒机理，可能是镉与含羧基、氨基，特别是含巯基的蛋白质分子结合，从而是许多酶系统的活性受到抑制。例如，镉离子可与组织蛋白的羧基形成不溶性金属蛋白盐，也可与巯基形成稳定的金属硫醇盐，从而使肾、肝等组织器官中的酶系统正常功能受损。此外，镉还可干扰铜、钴和锌在体内的代谢，产生毒性作用。

此外，镉对集体的原发性损害系在血管，造成组织缺血而引起继发性病变。睾丸组织损害和肺水肿均属此。也有人认为，镉主要损及需锌等微量元素激活的酶系统，其与巯基、羧基、羟基及含氮配基结合，其亲和力比锌大，因此，体内一些含锌酶中的锌被镉取代而丧失其固有功能。

③ 骨痛病机理。

日本的骨痛病是由于长年进食被镉污染了的大米等食物而引起的，发生以骨软化症为主体的病理学变化，老年的镉中毒者也可能叠加上老年性骨质疏松症。

骨软化症和骨疏松症无论是临床表现还是病理学方面都是有区别的。正常的骨骼其质坚实，骨胶原固化的钙致密沉积。骨软化症的患者由于骨胶原的正常代谢受到干扰，骨的固化作用不能正常进行。在骨基质上沉积的不是致密的固化了的成熟骨胶原，而是未成熟的骨胶原，并且骨芽细胞减少，骨胶原的生成和成熟也相应减少。

慢性镉中毒可引起肾功能障碍，并能进而造成骨软化症，特别是由于妊娠、分娩、授乳、内分泌的变调等生理或生活因素会诱导或促进骨痛病的出现。如钙不足会使肠道对镉的吸收率增高；反之，高钙食物会抑制消化道对镉的吸收。

骨软化症的起因首先同肾功能遭受损害有关，其病理机制可解释为维生素 D_3 代谢障碍和骨胶原代谢障碍。镉对肾功能的损害，使肾中维生素 D_3 的活性被抑制，干扰维生素 D_3 的正常代谢，从而妨碍在骨质上钙的正常沉着；同时由镉抑制赖氨酸氧化镁的活性，使骨胶原肽链上的羟基脯氨酸不能氧化为醛基，妨碍骨胶原的正常固化成熟。

④ 影响镉毒性的因素。

影响镉的毒性主要包括水的理化性质和其他金属化合物的存在。一般认为，水的 pH 值、硬度等减少时金属毒性增加。多种金属及其化合物存在同时作用时，会相互影响。如锌的存在就能够抵消镉诱导的高血压。

Ⅱ-2 镉中毒防治

（1）镉中毒防护。

① 加强镉的生产和使用过程的自动化、密闭化程度，加强通风，降低生产环境中镉的浓度。

目前我国规定生产环境空气中氧化镉的最高容许浓度为0.1 mg/m³，国外如美、俄、德、荷兰等国规定数字也是如此。近年来有人建议把阈限值降低到 50 μg/m³，如日本土屋对镉作业工人长期观察后认为，鉴于镉烟雾平均浓度为 0.13 mg/m³ 时，工人中发现有蛋白尿和其他临床表现。

② 镀镉金属板和零件应明显标志，以防在不明情况下进行热处理。

③ 做好车间卫生，建立定期清扫制度。加强个人防护，工作时应穿戴好工作服、口罩、手套等防护用品。注意个人卫生，不在车间进食及吸烟，禁止用镀镉器皿存放食物和饮料，以防进食时发生中毒。

④ 凡有慢性呼吸系统病（如喘息性支气管炎、支气管扩张、活动性肺结核等）以及肾疾患者不宜从事镉作业。

接触镉的工人应加强卫生保健，定期进行体检，包括肺部 X 线、上呼吸道检查，以及尿和浓缩稀释功能检查，以了解接触程度和及时发现问题、及时采取防治措施、及时处理病人。

⑤ 坚决贯彻“预防为主”的方针，积极改革工艺，加强环境保护工作，加强镉的回收利用，严格遵守镉的各项排放标准和环境标准，定期进行检查。

（2）镉中毒治疗。

① 急性中毒。

如系吸入性中毒，应迅速将患者撤离现场，给予吸氧；经消化道中毒者，应进行洗胃或催吐及导泻。关键在于防治肺水肿。应保持安静、卧床休息。烦躁不安者可适当使用镇静剂，但不应使用吗啡一类抑制呼吸中枢药物。保持呼吸道通畅，必要时可使用酒精。在早期给予短程大剂量肾上腺皮质激素进行治疗，有利于防治肺水肿，并预防堵塞性细支气管炎等并发症。肺部有继发感染时应使用抗生素。

② 慢性中毒。

应脱离镉接触，增加营养。可使用大剂量维生素 D 和钙剂，因为范可尼综合征对维生素 D 有耐药性，一般用药量可偏大。有肺气肿的病人应加强肺功能锻炼，进行适当的呼吸体操，防止呼吸道感染。有肾脏损害时应进低盐饮食，使用肾上腺皮质激素，可减轻肾脏病变，使尿蛋白减少。贫血可用铁剂，一般口服吸收差，宜采用肌肉注射右旋糖酐铁或山梨醇铁。

③ 骨痛病。

采用大剂量维生素 D 治疗。每天用维生素 D 5 万～10 万单位，葡萄糖酸钙 4 g 以及柠檬酸钠的投药有一定疗效。此外，也可并用蛋白同化激素，采用改善营养和调整内分泌等措施也有一定作用。有许多病例用石英灯照射获得良好效果。

④ 络合剂治疗。

治疗金属对机体的毒害，可采取化学解毒法和金属促排法。络合剂兼有这两方面的作用。

重金属的毒性作用，在于它能与机体内为此正常生理功能的官能团结合，使其失去生理作用。络合剂具有配位基团，可以与官能团竞争金属，因而可作为重金属的拮抗剂。络合剂可与金属结合成络合物。这样，既可以预防金属与体内官能团结合，也可使已经与官能团结合的金属分离出来。

目前常用的络合剂是氨羧络合剂和巯基络合剂。氨羧络合剂中的乙二胺四乙酸二钠和巯基络合剂中的二巯基丙醇、二巯基丙磺酸钠、二巯基丁二酸钠对镉中毒有解毒和促排作用。

Ⅱ-3 镉的生物效应

（1）镉对植物的危害。

通过观察发现，在浓度较低时对水稻生长有一定的刺激作用，但当浓度过高时可使水稻受害。首先，水稻根系的生理活动受到抑制，表现为根少而短；其次，能引起水稻的叶尖干枯，叶片黄化，进而影响光合作用的正常进行；并使其生长迟缓，产量下降，甚至死亡。

花生受到镉的毒害后，叶色发黄，植株矮小，分枝数、结荚数和总数明显减少，严重时可使植株死亡。花生比水稻更易受到土壤中镉的毒害，其中对花生荚果的影响比对茎叶的影响大。

镉对作物的危害主要是由于镉能够破坏细胞核、线粒体和叶绿体超微结构。通过电镜观察发现，在受到低浓度的镉危害后，玉米幼苗细胞核会发生核变形、核膜皱褶、内陷等。核变形使得正常的核内外物质和信息传递受到干扰和破坏，因而将严重影响正常基因的活动，影响细胞内蛋白质合成及细胞分化。

线粒体是对镉污染比较敏感的细胞器。在低浓度处理时，线粒体会出现变性、嵴突减少等病理变化，这主要是由于钾离子和水分子从内腔渗透到外腔造成的。随着污染浓度的增高，线粒体出现空泡或者解体，此时线粒体变化的关键是内膜的破坏，内部结果溃解，此时，线粒体的损害是不可逆的，往往会造成全部功能的丧失。

叶绿体受镉污染影响后，最显著的结构变化发生在膜系统上，进入叶绿体内的镉往往沉积在类囊体上，与膜上蛋白体结合，破坏叶绿体的酶系统，因而阻碍叶绿体合成，使其基粒垛叠减少，将使叶绿体捕获光能的能力大为降低，影响到光合作用等一系列功能。同时，随着叶绿体膜系统的溃解，构成膜的脂质成分得以积累，形成大量的脂类小球。

此外，镉还能够对作物种子萌发、幼苗生长以及酶系统的功能产生影响。

（2）镉对鱼类的危害。

镉对金鱼的毒性很大，在软水中，金鱼的中毒症状为：开始不活跃，渐渐运动被抑制，体表出现白色胶状膜覆盖，解剖后见鱼的鳃丝被白色胶状物所堵塞，鳃内充血，部分鱼胆囊充血。在硬水中，则镉的毒性相对降低，主要是硬水中含有大量的钙、镁离子。

附录III　部分环境标准中镉的限值

部分现行环境标准中镉含量限值见表III-1。

表III-1　现行部分环境标准中镉含量限值

水质标准名称	项目限值/（mg/L）
《生活饮用水卫生标准》（GB 5749—2006）	0.005
《生活饮用水卫生规范》（2001）	0.005
《地表水环境质量标准》（GB 3838—2002）	0.005（III类）①
《饮用天然矿泉水》（GB 8537—2008）	0.003
《污水综合排放标准》（GB 8978—1996）	0.1
《渔业水质标准》（GB 11607—89）	0.005
《城镇污水处理厂污染物排放标准》（GB 18918—2002）	0.01②
《土壤环境质量标准》（GB 15618—1995）	0.20 mg/kg（一级）③
《大气污染物综合排放标准》（GB 16297—1996）	0.050 mg/m^3
台湾饮用水水源水质标准	0.005
世界卫生组织（WHO）饮用水水质标准（第四版）	0.003
美国饮用水水质标准（EPA-822-R-04-005）	0.005
加拿大饮用水水质标准（1996-4）	0.005

水质标准名称	项目限值/（mg/L）
欧盟饮用水水质指令（98/83/EC）	0.005
日本生活饮用水水质标准（1993）	0.01

注：①《地表水环境质量标准》（GB 3838—2002）中Ⅰ类水限值为 0.001 mg/L，Ⅱ类水限值为 0.005 mg/L，Ⅲ类水限值为 0.005 mg/L，Ⅳ类水限值为 0.005 mg/L，Ⅴ类水限值为 0.01 mg/L。

②《城镇污水处理厂污染物排放标准》（GB 18918—2002）中污泥农用时污染物限制标准，总镉最高允许含量在酸性土壤上（pH＜6.5）为 5 mg/kg（以干污泥计），在中性和碱性土壤上（pH≥6.5）为 20 mg/kg（以干污泥计）。

③《土壤环境质量标准》（GB 15618—1995）中一级标准（自然背景）为 0.20 mg/kg。二级镉标准限值中 pH＜6.5 时为 0.30 mg/kg；6.5＜pH＜7.5 时为 0.30 mg/kg；pH＞7.5 时为 0.60 mg/kg。三级标准中，pH＞6.5 时为 1.0 mg/kg。

附录Ⅳ 镉的检测方法

镉的检测主要包括样品前处理和浓度检测等过程。不同介质中镉的浓度的测定如下。

常用的镉处理方法主要包括络合滴定法、比色分析和分光光度法、原子吸收分光光度法、发射光谱分析法等。不同方法有不同的适用性。

直接吸入火焰原子吸收分光光度法测定镉快速、干扰少，适合分析废水和受污染的水。萃取或离子交换浓缩火焰原子吸收分光光度法适用于分析清洁水和地表水。石墨原子吸收分光光度法灵敏度高，但基体干扰比较复杂，适合分析清洁水。不具备原子吸收分光光度仪的，可以选择双硫腙分光光度法等。此外，等离子发射光谱法是镉及多种元素同时测定的方法，可以简便、快速、干扰较少地测定样品中的镉含量。

Ⅳ-1 饮用水及天然水体中镉的检测方法

备注：本方法引自《生活饮用水标准检验方法——金属指标》（GB/T 5750.6—2006），采用无火焰原子吸收分光光度法。

（1）范围。

本标准规定了无火焰原子吸收分光光度法测定生活饮用水及其水源水中的镉。

本法适用于生活饮用水及其水源水中镉的测定。

本法最低检测质量为 0.01 ng，若取 20 μl 水样测定，则最低检测质量浓度为 0.5 μg/L，水中共存离子一般不产生干扰。

（2）原理。

样品经适当处理后，注入石墨炉原子化器，所含的金属离子在石墨管内经原子化高温蒸发解离为原子蒸气，待测元素的基态原子吸收来自同种元素空心阴极灯发出的共振线，其吸收强度在一定范围内与金属浓度成正比。

（3）试剂。

① 镉标准储备溶液[ρ(Cd)=1 mg/ml]：称取 0.500 0 g 镉（99.9%以上），溶于 5 ml 硝酸溶液（1+1）中，并用纯水定容至 500 ml。

② 镉标准中间溶液[ρ(Cd)=1 μg/ml]：取镉标准储备溶液 5.00 ml 于 100 ml 容量瓶中，用硝酸溶液（1+99）稀释至刻度，摇匀，此溶液ρ(Cd)=50 μg/ml。再取此溶液 2.00 ml 于 100 ml 容量瓶中，用硝酸溶液（1+99）定容。

③ 镉标准使用溶液[ρ(Cd)=100 ng/ml]：取镉标准中间溶液 10.00 ml 于 100 ml 容量瓶中，用硝酸溶液（1+99）稀释至刻度，摇匀。

④ 磷酸二氢铵溶液（120 g/L）：称取 12 g 磷酸二氢铵（$NH_4H_2PO_4$，优级纯），加水溶解并定容至 100 ml。

⑤ 硝酸镁溶液（50 g/L）：称取 5 g 硝酸镁，优级纯，加水溶解并定容至 100 ml。

（4）仪器。

① 石墨炉原子吸收分光光度计。

② 镉元素空心阴极灯。

③ 氩气钢瓶。

④ 微量加样器：20 μl。

⑤ 聚乙烯瓶：100 ml。

（5）仪器参数。

测定镉的仪器参数见下表。

测定镉的仪器参数

元素	波长/nm	干燥温度/℃	干燥时间/s	灰化温度/℃	灰化时间/s	原子化温度/℃	原子化时间/s
Cd	228.8	120	30	900	30	1800	5

（6）分析步骤。

① 吸取镉标准使用溶液 0 ml、0.50 ml、1.00 ml、3.00 ml、5.00 ml 和 7.00 ml 于 6 个 100 ml 容量瓶内，分别加入 10 ml 磷酸二氢铵溶液、1 ml 硝酸镁，用硝酸溶液（1+99）定容至刻度，摇匀，分别配制成 0 ng/ml、0.5 ng/ml、1 ng/ml、3 ng/ml、5 ng/ml 和 7ng/ml 的标准系列。

② 吸取 10 ml 水样，加入 1.0 ml 磷酸二氢铵溶液、0.1 ml 硝酸镁溶液，同时取 10 ml 硝酸溶液（1+99），加入等体积磷酸二氢铵溶液和硝酸镁溶液作为空白。

③ 仪器参数设定后依次吸取 20 μl 试剂空白、标准系列和样品，注入石墨管，启动石墨炉控制程序和记录仪，记录吸收峰高或峰面积。

（7）计算。

从标准曲线查出镉浓度后，按下式计算：

$$\rho(\mathrm{Cd})=\frac{\rho_1\times V_1}{V}$$

式中：$\rho(\mathrm{Cd})$ —— 水样中镉的质量浓度，μg/L；

ρ_1 —— 从标准曲线上查得水样中镉的质量浓度，μg/L；

V_1 —— 测定样品的体积，ml；

V —— 原水样体积，ml。

Ⅳ-2　工作场所空气中镉及其化合物测定

备注：本方法引自《工作场所空气有毒物质测定——镉及其化

合物》(GBZ/T 160.7—2004)。

(1)范围。

本标准规定了监测工作场所空气中镉及其化合物浓度的方法。

本标准适用于工作场所空气中镉及其化合物浓度的测定。

(2)规范性引用文件。

下列文件中的条款，通过本标准的引用而成为本标准的条款。凡是注日期的引用文件，其随后所有的修改单(不包括勘误的内容)或修订版均不适用于本标准，然而，鼓励根据本标准达成协议的各方研究是否可使用这些文件的最新版本。凡是不注日期的引用文件，其最新版本适用于本标准。

(3)原理。

空气中镉及其化合物用微孔滤膜采集，消解后，在 422.7 nm 波长下，用乙炔-空气火焰原子吸收光谱法测定。

(4)仪器。

① 微孔滤膜，孔径 0.8 μm。

② 采样夹，滤料直径 40 mm。

③ 小型塑料采样夹，滤料直径 25 mm。

④ 空气采样器，流量 0～3 L/min 和 0～10 L/min。

⑤ 烧杯，50 ml。

⑥ 电热板或电砂浴。

⑦ 具塞刻度试管，10 ml。

⑧原子吸收分光光度计，配备乙炔-空气火焰燃烧器和镉空心阴极灯。

(5)试剂。

实验用水为去离子水，试剂和酸为优级纯。

① 硝酸，ρ_{20}＝1.42 g/ml。

② 盐酸，ρ_{20}＝1.18 g/ml。

③ 高氯酸，ρ_{20}＝1.67 g/ml。

④ 消化液：取 100 ml 高氯酸，加入 900 ml 硝酸中。

⑤ 盐酸溶液：10 ml 盐酸加到 990 ml 水中。

⑥ 标准溶液：称取 0.100 0 g 金属镉（光谱纯），加热溶于 25 ml 盐酸中，定量转移入 100 ml 容量瓶中，用水稀释至刻度。此溶液为 1.0 mg/ml 镉标准储备液。临用前，用盐酸溶液稀释成 10.0 μg/ml 镉标准溶液；或用国家认可的镉标准溶液配制。

（6）样品的采集、运输和保存。

现场采样按照 GBZ 159 执行。

① 短时间采样：在采样点，将装好微孔滤膜的采样夹，以 5 L/min 流量采集 15 min 空气样品。

② 长时间采样：在采样点，将装好微孔滤膜的小型塑料采样夹，以 1L/min 流量采集 2～8 h 空气样品。

③ 个体采样：将装好微孔滤膜的小型塑料采样夹佩戴在监测对象的前胸上部，进气口尽量接近呼吸带，以 1 L/min 流量采集 2～8 h 空气样品。

采样后，将滤膜的接尘面朝里对折 2 次，放入清洁的塑料袋或纸袋内，置容器内运输和保存。样品在室温下可长期保存。

（7）分析步骤。

① 对照试验：将装好微孔滤膜的采样夹带至采样点，除不连接空气采集器采集空气样品外，其余操作同样品，作为样品的空白对照。

② 样品处理：将采过样的滤膜放入烧杯中，加入 5 ml 消化液，盖上表面皿。在电热板上加热消解，保持温度在 200℃左右，待消化液基本挥发干时，取下稍冷后，用盐酸溶液溶解残渣，并定量转移入具塞刻度试管中，稀释至 25.0 ml 刻度，摇匀，供测定。若样品液中镉浓度超过测定范围，用盐酸溶液稀释后测定，计算时乘以稀释倍数。

③ 标准曲线的绘制：取 6 只具塞刻度试管，分别加入 0.00 ml、0.25 ml、0.75 ml、1.50 ml、2.00 ml、2.50 ml 镉标准溶液，加盐酸溶液至 25.0 ml，配成 0.00 μg/ml、0.10 μg/ml、0.30 μg/ml、0.60 μg/ml、0.80 μg/ml、1.00 μg/ml 镉浓度标准系列。将原子吸收分光光度计调节至最佳测定状态，在 228.8 nm 波长下，用贫燃气火焰分别测定标准系列，每个浓度重复测定 3 次，以吸光度均值对镉浓度（μg/ml）绘制标准曲线。

④ 样品测定：用测定标准系列的操作条件，测定样品溶液和空白对照溶液；测得的样品吸光度值减去空白对照吸光度值后，由标准曲线得镉浓度（μg/ml）。

（8）计算。

① 按下式将采样体积换算成标准采样体积：

$$V_0 = V \times \frac{293}{273+t} \times \frac{p}{101.3}$$

式中：V_0 —— 标准采样体积，L；

V —— 采样体积，L；

t —— 采样点的温度，℃；

p —— 采样点的大气压，kPa。

② 按下式计算空气中镉的浓度：

$$C = \frac{25c}{V_0}$$

式中：C —— 空气中镉的浓度，mg/m^3；

25 —— 样品溶液的总体积，ml；

c —— 测得样品溶液中镉的浓度，μg/ml；

V_0 —— 标准采样体积，L。

（9）说明。

① 本法的检出限为 0.005 μg/ml；最低检出浓度为 0.002 mg/m^3

（以采集 75 L 空气样品计）。测定范围为 0.005～1.0 μg/ml；平均相对标准偏差为 1.8%。

② 本法的平均采样效率为 98%，平均消解回收率在 95%以上。

③ 样品中含有 100 μg/ml Al^{3+}、Fe^{3+}、Fe^{2+}、Pb^{2+}、Zn^{2+}、Sn^{2+}等不产生干扰。

④ 样品也可采用微波消解方法。

Ⅳ-3 土壤中总镉的测定

备注：本方法引自《土壤环境质量标准》（GB 15618—1995）和《环境检测分析方法》。

土壤中镉测定过程中土样经盐酸-硝酸-高氯酸（或盐酸-硝酸-氢氟酸-高氯酸）消解后采用萃取-火焰原子吸收法测定或双硫腙比色法测定。其中原子吸收分光光度法已经在上文介绍，这里主要介绍双硫腙比色法。

由于双硫腙法过程烦琐，且需要使用到剧毒药剂氰化钾，因此，不推荐使用。

（1）原理。

土壤样品经硝酸-硫酸-高氯酸消解后，结合态的镉转化为二价镉离子。

在强碱性（pH 13）溶液中镉离子和双硫腙生成红色络合物，可用四氯化碳萃取，萃取液于波长 520 nm 处测定吸光度。

在此条件下，各种金属离子的干扰均可用控制 pH 值和加入络合剂的方法去除。溶液中存在下列金属不干扰测定：铅、锌、铜、锰、铁。锰离子浓度过高时有严重干扰。镁离子浓度达到 40 时，需要多加酒石酸钾钠。氰化钾可络合掩蔽大部分金属离子。酒石酸可防止氢氧化物的形成，三价铁等氧化剂会氧化双硫腙，加入盐酸羟胺使其还原消除影响。大量有机物污染时，必须用硝酸、高氯酸将有机物分解去除。

一般室内光线不影响镉和双硫腙产生的颜色。

最低检出限：用光程 2 cm 的比色皿时为 0.5 μg。

（2）仪器。

分光光度计。

康氏振荡器，往返式。

电炉：可调节。

250 ml 分液漏斗。

（3）试剂。

浓硝酸、浓硫酸、高氯酸，分析纯。

20%酒石酸溶液：取 20 g 酒石酸（$H_2C_4H_4O_6$）溶于 100 ml 去离子水中。

40%氢氧化钠溶液：取 40 g 氢氧化钠溶于 100 ml 去离子水中。

甲基橙指示剂：称取 0.5 g 甲基橙，溶于 100 ml 去离子水中。

镉标准溶液：准确配制镉标准溶液 1.00 μg/ml。

0.1%双硫腙储备溶液：称取 0.1 g 双硫腙于烧杯中，用 100 ml 氯仿溶解，通过玻璃纤维滤去不溶物，滤液置于分液漏斗中，用（1+100）硫酸中和后，加 100 ml 氯仿提取双硫腙，弃去水相。提纯后的双硫腙氯仿溶液储存于棕色瓶中，在冰箱内保存备用。

0.01%双硫腙四氯化碳溶液，临用前将 0.1%双硫腙储备溶液用四氯化碳稀释至波长 520 nm 处，透光率为 15%。

0.002%双硫腙四氯化碳溶液：临用前用四氯化碳将 0.01%双硫腙四氯化碳溶液稀释至波长 520 nm 处，透光率为 50%。

酒石酸钾钠溶液：称取 25 g 酒石酸钾钠溶于 100 ml 去离子水中。

盐酸羟胺溶液：称取 20 g 盐酸羟胺（$NH_2OH \cdot HCl$）溶于 100 ml 去离子水中。

氢氧化钠-氰化钾溶液：称取 40 g 氢氧化钠和 2 g 氰化钾，溶于

100 ml 去离子水，储存于试剂瓶中。

四氯化碳。

浓盐酸。

（4）步骤。

① 标准曲线绘制。

稀释一系列镉标准溶液，分别为 0 μg、1 μg、2 μg、3 μg、4 μg、5 μg 置于 150 ml 去离子水的分液漏斗中。加入 25 ml 酒石酸钾钠溶液，2 ml 盐酸羟胺溶液，混匀，放置 5 min，再加入 5 ml 40%氢氧化钠溶液和 10 ml 透光率为 50%的双硫腙溶液，振荡 2 min，静置分层，将有机相放入另一盛有 25 ml 20%酒石酸溶液的分液漏斗中，重复萃取一次，合并有机相，弃去水相。

让有机相与 20%酒石酸溶液振荡 2 min，静置分层后，弃去有机相。再用 10 ml 四氯化碳洗涤水层，静置分层后，弃去有机相。

加 10 ml 酒石酸钾钠溶液，1 ml 盐酸羟胺溶液，小心加入 5 ml 氢氧化钠-氰化钾溶液，混匀。再加 10 ml 透光率为 50%双硫腙四氯化碳溶液，准确振荡 2 min，静置分层。

有机相经少量棉花滤入 2 cm 的比色皿中，以透光率 50%的双硫腙四氯化碳溶液为参比，于 520 nm 波长处测定吸光度。并绘制标准曲线。

② 样品分析。

准确称取 5.00 g 试样，置于 100 ml 凯氏瓶中，依次加入 3 ml 浓硫酸，6 ml 浓硝酸，20 ml 高氯酸，以及 3～4 粒玻璃珠，瓶口加漏斗盖好。同时做试剂空白。将凯氏瓶置于电炉上慢慢加热。当出现浓白色烟雾时，若样品尚未变白，可滴加浓硝酸，并继续加热至溶液呈浅绿色或无色，样品呈白色为止。取下凯氏烧瓶，冷却至室温，用水冲洗瓶口和漏斗。再加 30 ml 去离子水。将消解液转移入 500 ml 容量瓶中，用 15 ml 去离子水冲洗开始烧瓶三次，冲洗液一并移入容量瓶中，稀释至标线，摇匀。

量取 150 ml 消解液于分液漏斗中，加 2 滴甲基橙指示剂，用 40% 氢氧化钠溶液调节溶液至橙黄色（pH 4 左右）。按照标线曲线绘制的方法同样操作进行。

（5）计算。

$$\text{Cd(mg/kg)} = \frac{MV_s c}{W_s V}$$

式中：V_s —— 消解液重量，ml；

V —— 测定取试样溶液量，ml；

W_s —— 试样重量，g；

M —— 由标准曲线计算得到镉的含量，μg。

（6）注意事项。

① 氰化钾剧毒试剂，必须妥善保管，专人负责，称量时不得与酸接触。严禁用嘴直接吸取。废液要求集中处理。

② 所用玻璃器皿每次使用前均需用硝酸浸泡 2 h 以上，再用去离子水洗净。

在碱性溶液中，镉离子与双硫腙产生红色络合物，用氯仿提取后比色定量。

附录Ⅴ　我国主要混凝剂生产厂家

表Ⅴ-1　我国主要混凝剂生产厂家

生产厂家	品名	指标	电话	地址	邮编	公司网页
巩义市中岳净水材料有限公司	聚合氯化铝	饮用水级、非饮用水级	0371-68396185	河南省巩义市新兴路西段	451200	www.zhongyuejs.com
	聚合硫酸铁	优等、一等、合格				
巩义市宇清净水材料有限公司	聚合氯化铝	优级、一级、二级	0371-64156198 13838223829	河南巩义市南河渡工业区	451251	www.yqjs.com
	聚合硫酸铁					
	聚合氯化铝铁					
巩义市嵩山滤材有限公司	聚合氯化铝	饮用水级、非饮用水级	0371-66557845	巩义市杜甫路	451250	
巩义市东方净水材料有限公司	聚合氯化铝	饮用水级、非饮用水级	0371-63230299 64366368	河南省巩义市安乐街	451200	www.gysslc.com.cn
河南玉龙供水材料有限公司	聚合氯化铝	饮用水级、非饮用水级	0371-64132888 64132088	河南省巩义市羽林工业区	451200	www.gydfjs.com www.hnzhenyu.com
	聚合氯化铝铁					
巩义市滤料工业有限公司	聚合氯化铝	Ⅰ类、Ⅱ类	0371-64133426	河南省巩义市工业示范区	451252	www.lvliao.com
	复合型聚合氯化铝铁	优等品、一等品				

生产厂家	品名	指标	电话	地址	邮编	公司网页
巩义市银丰实业公司滤料厂	聚合硫酸铝	优等品、一等品	0371-64397038	河南省巩义市安乐街9号		
巩义市韵沟净水滤料厂	聚合硫酸铝	优等品、一等品	0371-68396661	河南省巩义市杜甫像南20米		www.yfll.cn
巩义市富源净水材料有限公司	聚合氯化铝	优级、一级、二级	0371-64123456	河南省巩义市经济技术开发区		www.gyygjs.com www.64123456.com
	聚合硫酸铝					
	聚合氯化铝铁					
巩义市华明化工材料有限公司	聚合硫酸铝	优等品、一等品	0371-64121222	河南省巩义市北山口镇豫31省道九公里处		www.hnhuaming.com
	聚氯化铝铁					
	聚合硫酸铝	优等品、一等品				
大连开发区力佳化学制品有限公司	聚合氯化铝	饮用水级、非饮用水级	0411-87611805/87626490/87625751	大连经济技术开发区黄海西路6号	116600	
淄博正河净水剂有限公司	聚合氯化铝	饮用水级、非饮用水级	0533-7607866 7607896	淄博市临淄区开发区（宏鲁工业园内）	255400	www.lijiachem.cn
济宁市圣源污水处理材料有限公司	聚合氯化铝	饮用水级、非饮用水级	0537-2514408 13805377748	山东省济宁市唐口经济开发区	272601	www.jingshuiji.com.cn
淄博正河净水剂有限公司	聚合硫酸铝		0533-7607866 7607896	淄博市临淄区开发区（宏鲁工业园内）	255400	www.sheng-yuan.com.cn
合肥益民化工有限责任公司	聚合氯化铝铁		0551-7673178	安徽省合肥市龙岗开发区B区	231633	www.jingshuiji.com.cn

生产厂家	品名	指标	电话	地址	邮编	公司网页
蓝波化学品有限公司	聚合氯化铝	饮用水级、非饮用水级	0510-87821568	江苏省宜兴市化学工业园永安路（屺亭镇）	214213	www.ymhg.com
宜兴凯利尔净化剂制造有限公司	聚合氯化铝	精制级、卫生级	0510-87846055	江苏宜兴市万石镇港北路	214212	www.bluwat.com.cn www.kailier.com
	聚合氯化铝铁	卫生级、工业级				
	聚硫氯化铝铁	卫生级、工业级				
宜兴市天使合成化学有限公司	聚合氯化铝	Ⅰ类、Ⅱ类	0510-87674303 87678600	宜兴市芳庄镇	21424	www.yxts.cn
	聚合氯化铝铁					
宜兴市必清水处理剂有限公司	聚合氯化铝	饮用水级	0510-87111243 87910047	江苏宜兴市宜城小张墅煤矿	214201	
南京经通水处理研究所宜兴净水剂厂	聚合氯化铝	饮用水级、非饮用水级	0510-87875288 87734620	江苏省宜兴市和桥镇南新人民南路10号	214215	www.bqscl.com
无锡市必盛水处理剂有限公司	聚合氯化铝	饮用水级、非饮用水级	0510-87694087	宜兴市徐舍镇吴圩	214200	www.watersaver.com.cn
常州市武进友邦净水材料有限公司	聚合氯化铝	优等、一等	0519-6393009 8319338	江苏省常州市武进区牛塘镇人民西路105号	213163	www.wxbisheng.com www.youbang18.com
	氯化铝铁	优等、一等				
上海浦浔化工有限公司	聚合氯化铝	饮用水级、工业级	021-68915097 68915075	上海张江高科技产业区龙东支路8号	201201	www.shpuxun.com
	聚合氯化铝铁	饮用水级、工业级				
平湖市龙兴化工有限公司	聚合氯化铝	优等、一等	0573-5966871	浙江省平湖市曹桥工业园	314214	www.phlongxing.com
	聚合氯化铝铁	优等、一等				
	聚合硅酸氯化铝					
	聚合硅酸硫酸铝					
重庆渝西化工厂	聚合氯化铝	饮用水级、非饮用水级	023-65808378 65808096	重庆市九龙坡区西彭镇	401326